W0264486

StudyHelp

StudyHelp

Mathematik Abiturvorbereitung

Analysis

StudyHelp GmbH, Paderborn
WWW.STUDYHELP.DE

2. Auflage

Autor: Carlo Oberkönig, Daniel Weiner und Daniel Jung

Redaktion & Satz: Carlo Oberkönig
Kontakt: verlag@studyhelp.de
Umschlaggestaltung, Illustration: StudyHelp GmbH
Druck: mediaprint solutions GmbH

ISBN 978-3-947-**50600**-2

Inhalt

1 Grundlagen

Kleine Übersicht

Rechenoperationen

$+ \quad - \quad \cdot \quad :$ (oder $\div$)

Parameter

$a, b, x \ldots$

Potenzen

$a \cdot a \cdot a = a^3$

Zahlen

Natürliche Zahlen $\mathbb{N} = \{1, 2, 3 \ldots\}$

Ganze Zahlen $\mathbb{Z} = \{\ldots -2, -1, 1, 2 \ldots\}$

Reelle Zahlen $\mathbb{R}$: alle Zahlen

Rationale Zahlen $\mathbb{Q}$: alle *Bruchzahlen*

Brüche

a) $\frac{3}{4} + \frac{2}{3} = \frac{3}{4} \cdot \frac{3}{3} + \frac{2}{3} \cdot \frac{4}{4} = \frac{9}{12} + \frac{8}{12} = \frac{17}{12}$

Bruch clever erweitern!

b) $\frac{3}{4} \cdot \frac{2}{3} = \frac{3 \cdot 2}{4 \cdot 3} = \frac{6}{12} = \frac{1 \cdot 6}{2 \cdot 6} = \frac{1}{2}$

Ausdrücke zusammenfassen

a) $a + a + a = 3a$

b) $x^3 + x^4 \rightarrow$ geht nicht

Ausmultiplizieren/Ausklammern

a) $2 \cdot (x - 3) = 2 \cdot x - 2 \cdot 3 = 2x - 6$

b) $(x - 4) \cdot (x + 2) = x^2 + 2x - 4x - 8$

Binomische Formeln

1. $(a + b)^2 = a^2 + 2ab + b^2$
2. $(a - b)^2 = a^2 - 2ab + b^2$
3. $(a + b) \cdot (a - b) = a^2 - b^2$

Potenzen und Potenzgesetze

Erfahrungen besagen, dass ca. 50% aller Versagensfälle von Klausuren oft auf mangelnde Kenntnisse der Potenzgesetze zurückzuführen sind. Dieses Thema ist also außerordentlich wichtig, da wir mit Hilfe dieses Wissens verschiedenste Ausdrücke umschreiben und gegebenenfalls vereinfachen können. Ausgangspunkt:

$$\underbrace{x^n}_{\text{Potenz}} = \underbrace{x \cdot x \cdot \ldots \cdot x}_{n\text{-Faktoren}}$$

(Basis: x, Exponent: n)

Potenzgesetze

Die wichtigsten Regeln:

1.	$x^m \cdot x^n = x^{m+n}$	3.	$(x^n)^m = x^{n \cdot m}$
2.	$x^n \cdot y^n = (xy)^n$	4.	$x^{-n} = \frac{1}{x^n}$
5.	$x^{\frac{n}{m}} = \sqrt[m]{x^n}$		

Zusätzlich sind diese „Regeln“ hilfreich, die sich aus den oberen Regeln ableiten lassen:

$$x^{\frac{1}{m}} = \sqrt[m]{x},\quad x^0 = 1,\quad \frac{x^m}{x^n} = x^{m-n},\quad \frac{x^p}{y^p} = \left(\frac{x}{y}\right)^p,\quad \sqrt[n]{x}\cdot\sqrt[n]{y} = \sqrt[n]{xy},\quad \sqrt[m]{\sqrt[n]{x}} = \sqrt[m\cdot n]{x}$$

Potenzen umschreiben

Wurzeln umschreiben

Diese Zusammenhänge müsst ihr nicht auswendig können, aber ihr solltet sie aus den drei Potenzgesetzen ableiten können. Hier noch weitere Beispiele zum Umschreiben, die euch das Leben in der Prüfung erleichtern werden:

$$\frac{1}{x} = x^{-1},\ \frac{4}{x^5} = 4x^{-5},\ \frac{7}{3x^3} = \frac{7}{3}x^{-3},\ \sqrt{x} = \sqrt[2]{x} = x^{\frac{1}{2}},\ \sqrt[4]{x^3} = x^{\frac{3}{4}}$$

Kombination der Techniken: Bei dem Ausdruck $\frac{20}{\sqrt[3]{x}}$ sollte zunächst die Wurzel in $\frac{20}{x^{\frac{1}{3}}}$ umgeschrieben werden. Dann können wir den Nenner von *unten nach oben* holen: $20x^{-\frac{1}{3}}$. Warum sollten wir das überhaupt machen? So lässt sich meist einfacher Rechnen, z.B. wenn wir diesen Ausdruck ableiten oder integrieren müssen.

Häufige Stolperfallen: $\frac{x}{2} = \frac{1}{2}x,\ \frac{x}{3} = \frac{1}{3}x,\ \frac{x^3}{7} = \frac{1}{7}x^3,\ \frac{x}{a} = \frac{1}{a}x,\ \frac{3x}{a} = \frac{3}{a}x,\ \frac{x^3}{a} = \frac{1}{a}x^3$

2 Funktionen

2.1 Übersicht

Lineare Funktion (Geraden)
Die allgemeine Form für eine lineare Funktion lautet:

$$y = m \cdot x + b \text{ für } m \neq 0 \text{ mit } m = \frac{y_2 - y_1}{x_2 - x_1}$$

Um die Steigung m zu bestimmen brauchen wir zwei Punkte $P_1(x_1|y_1)$ und $P_2(x_2|y_2)$. Eine Nullstelle liegt bei $-b/m$.

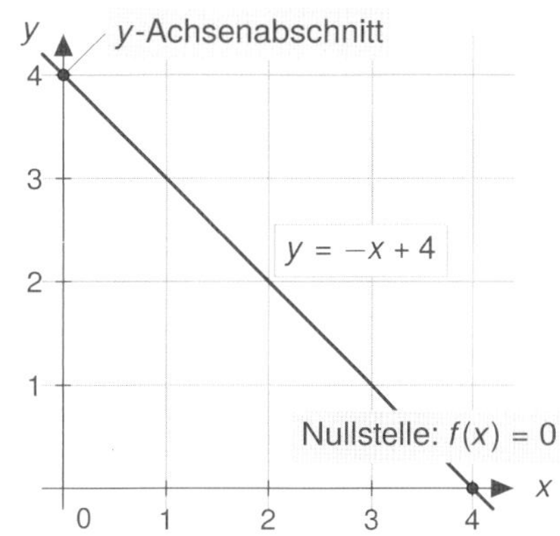

Lineare Funktionen

Quadratische Funktion
Die allgemeine Form für eine quadratische Funktion lautet:

$$y = ax^2 + bx + c, \text{ für } a \neq 0$$

Die einfachste quadratische Funktion ist die Normalparabel mit $y = x^2$. Der höchste oder tiefste Punkt einer quadratischen Funktion wird auch Scheitelpunkt S genannt. Die Scheitelpunktform lautet: $y = a \cdot (x - d)^2 + e$ mit $S(d|e)$. Sie besitzt keine, eine oder zwei Nullstellen.

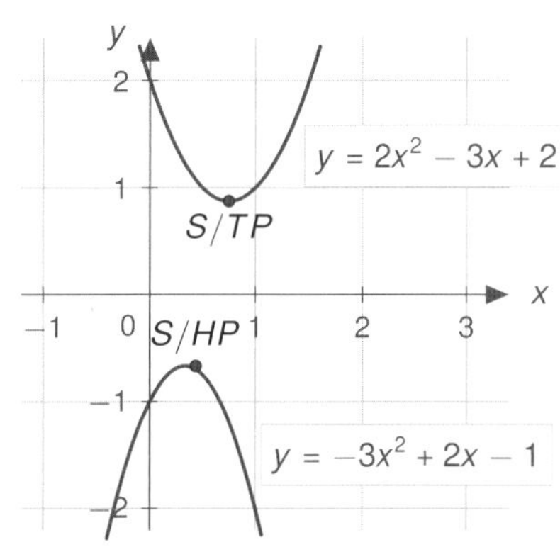

Quadratische Funktionen

Polynomfunktion
Die allgemeine Form für eine Polynomfunktion (auch ganzrationale Funktion genannt) lautet beim

3. Grad: $y = ax^3 + bx^2 + cx + d$
4. Grad: $y = ax^4 + bx^3 + cx^2 + dx + e$
usw.

Grad n beschreibt den höchsten Exponent für x für $a \neq 0$. Es gibt maximal so viele Nullstellen, wie der Grad n der Funktion ist.

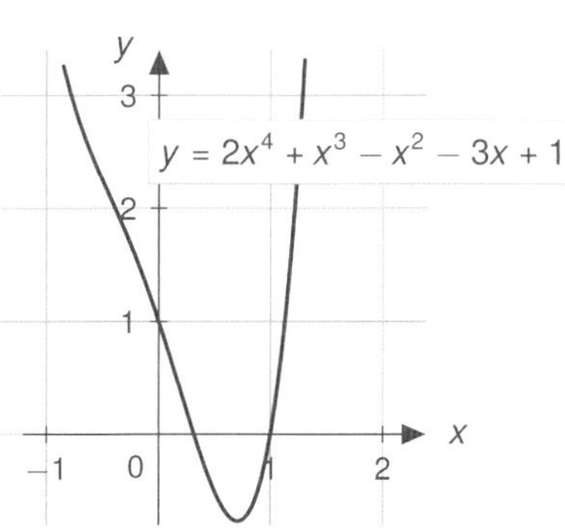

Polynomfunktionen

Wurzel-
funktionen

Betrags-
funktionen

Exponential-
funktionen

Logarithmus-
funktionen

Wurzelfunktion

Die allgemeine Form einer Wurzelfunktion lautet:

$$f(x) = \sqrt[n]{x} \text{ für } x \geq 0$$

mit n als Wurzelexponent. Sie besitzt die einzige Nullstelle bei $x = 0$. Je größer n ist, desto flacher verläuft der Graph ab $x = 1$. Wenn n gerade bzw. ungerade, ist $x \in [0, \infty)$ bzw. $x \in \mathbb{R}$.

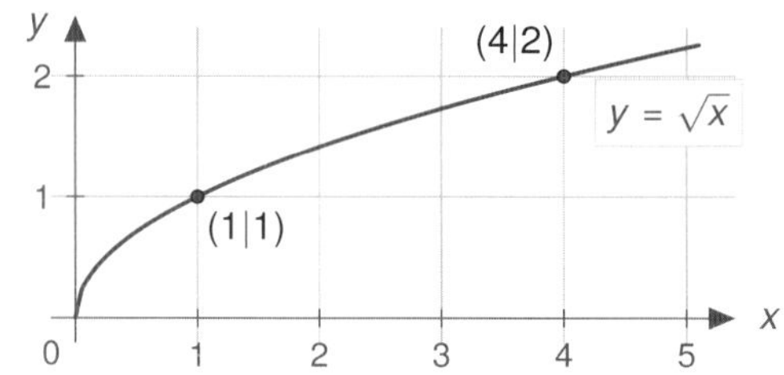

Betragsfunktion

In der Mathematik ordnet die Betragsfunktion einer reellen Zahl ihren Abstand zur Null zu. Der sog. absolute Betrag, Absolutwert oder auch schlicht Betrag, ist immer eine nichtnegative Zahl, also größer oder gleich Null. Schreibweisen: $f(x) = |x|$ oder $f(x) = abs(x)$. Es gilt:

$$|x| = \begin{cases} x & , x \geq 0 \\ -x & , x < 0 \end{cases}.$$

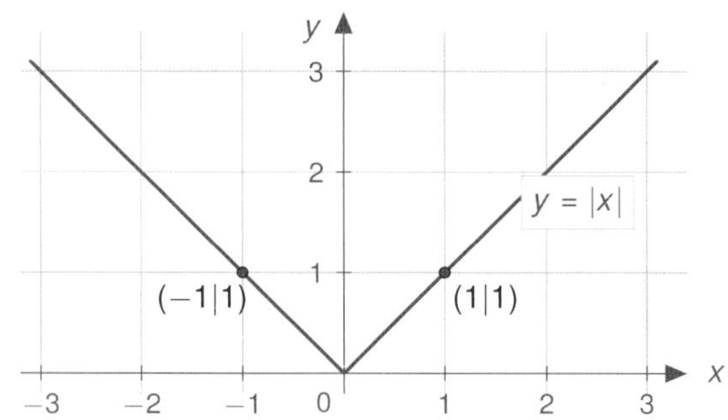

Exponentialfunktion

Eine Funktion heißt Exponentialfunktion (zur Basis a), wenn sie die Form

$$f(x) = a^x = e^{x \cdot \ln(a)} \text{ mit } x \in \mathbb{R}, a > 0$$

aufweist, wobei a eine beliebige positive Konstante bezeichnet. Falls $a = e$ ist, spricht man im Allgemeinen von *der* e-Funktion. Es handelt sich hierbei um die eulersche Zahl $e \approx 2,72$ - eine irrationale Zahl wie z.B. die Kreiszahl π. Sie verläuft oberhalb der x-Achse und besitzt keine Nullstelle.

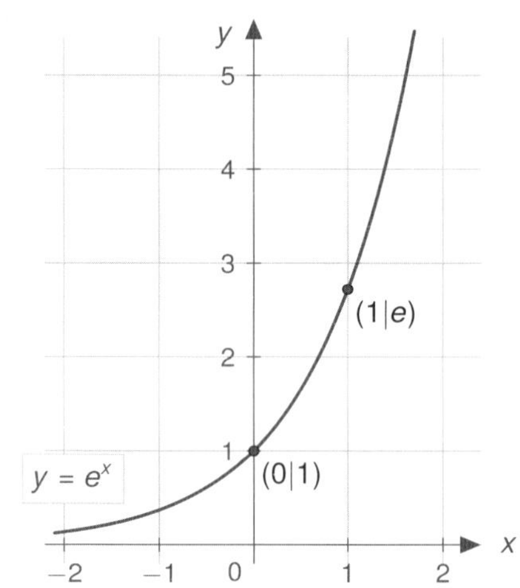

Die Form der Exponentialfunktion erinnert uns an einen Potenzausdruck, wobei die Rolle von Basis und Exponent vertauscht wird! Für den Fall, dass $a = e$ ist, gilt als Folge der Potenzgesetze für die e-Funktion: $e^0 = 1$, $e^1 = e$, $e^x \cdot e^y = e^{x+y}$.

Logarithmusfunktion

Eine Funktion heißt Logarithmusfunktion (zur Basis a), wenn sie allgemein die Form

$$f(x) = \log_a(x), \ x \in (0, \infty)$$

aufweist, wobei a eine beliebige positive Konstante bezeichnet. In den speziellen Fällen $a = e$ bzw. $a = 10$ spricht man von $f(x) = \ln(x)$ als „natürlichen Logarithmus“ bzw. $f(x) = \log(x)$ als „dekadischen Logarithmus“.

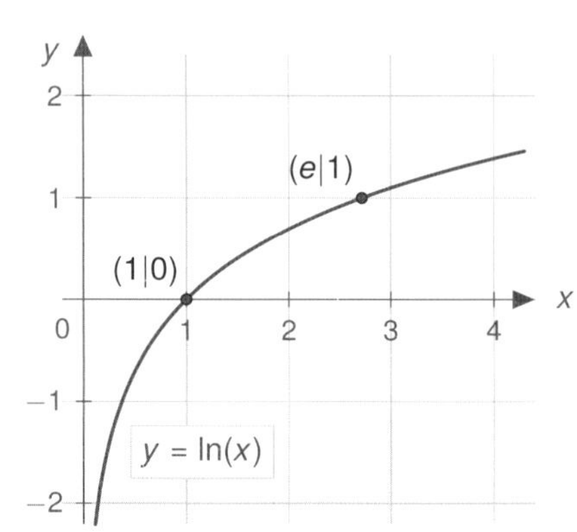

In der Regel rechnen wir aber mit dem natürlichen Logarithmus. Falls aber mal der Fall auftreten sollte, dass kein natürlicher Logarithmus vorliegt, kann dieser mit einfachen Mitteln wie folgt umgeschrieben werden:

$$\log_a(x) = \frac{\ln(x)}{\ln(a)}$$

Ein weiterer nützlicher Zusammenhang ist $e^{\ln(x)} = x$ bzw. $\ln(e^x) = x$, der im Bereich „Lösen von Gleichungen" äußerst wichtig ist.

Logarithmen-
gesetze

Logarithmengesetze

$$\ln(ab) = \ln(a) + \ln(b)$$

$$\ln\left(\frac{a}{b}\right) = \ln(a) - \ln(b)$$

$$\ln(a^b) = b \cdot \ln(a)$$

2.2 Manipulation von Grundfunktionen

Auch Graphentransformation genannt. Idee: Aus dem Graphen einer gegebenen Funktion $f(x)$ mit dem Definitionsbereich D und dem Wertebereich W sollen die Graphen „neuer" Funktionen $g(x)$ mit dem Definitionsbereich D_g und dem Wertebereich W_g durch einfache Operationen gewonnen werden.

Hier ist eine Übersichtstabelle, die die Manipulationen an Funktionen und die Wirkung auf den Graphen, den Definitionsbereich und den Wertebereich beschreibt. „Wirkung" soll heißen: Bildet man den Term $g(x)$ wie beschrieben, so entsteht der Graph von g aus dem Graphen von f durch...

Übersicht

$g(x) =$	$D_g =$	$W_g =$	Wirkung auf den Graphen
$f(x-a), a \in \mathbb{R}$	D_f+a	W_f	Verschiebung horizontal um $+a$
$f(x)+a, a \in \mathbb{R}$	D_f	W_f+a	Verschiebung vertikal um $+a$
$f(c \cdot x), c > 0$	$\frac{1}{c} \cdot D_f$	W_f	$c > 1$: *Stauchung* $0 < c < 1$: *Streckung*
$c \cdot f(x), c > 0$	D_f	$c \cdot W_f$	$c > 1$: *Streckung* $0 < c < 1$: *Stauchung*
$f(-x)$	$-D_f$	W_f	Spiegelung an y-Achse
$-f(x)$	D_f	$-W_f$	Spiegelung an x-Achse

Anhand dieser Tabelle lassen sich einige Regelmäßigkeiten erkennen:

- Änderung innerhalb der Funktion, z.B. $f(x-a) \hat{=}$ Horizontale Manipulation
  Definitionsbereich ändert sich und Wertebereich bleibt gleich
- Änderung außerhalb der Funktion, z.B. $f(x)+a \hat{=}$ Vertikale Manipulation
  Definitionsbereich bleibt gleich und Wertebereich ändert sich

Im Folgenden werden wir die am häufigsten vorkommenden Manipulationen bzw. Transformationen anhand eines Beispiels vorstellen. Als Ausgangsfunktion dient die Normalparabel

$$f(x) = x^2, \quad x \in \mathbb{R}.$$

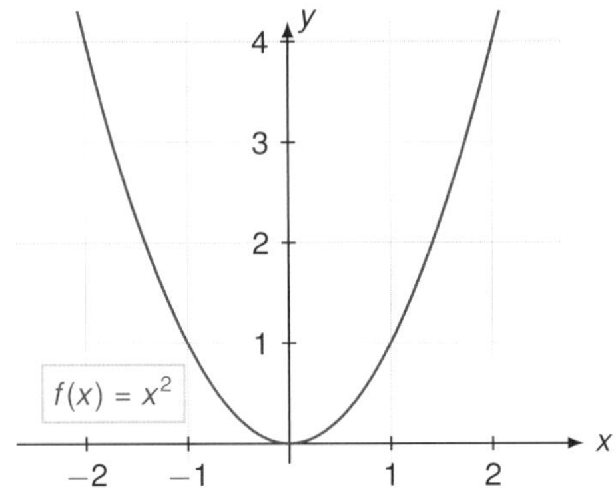

Verschiebung in x-Richtung

Manipulation bei quadratischen Funktionen

Die Verschiebung in x-Richtung können wir in unserer Funktionsgleichung wie folgt berücksichtigen.

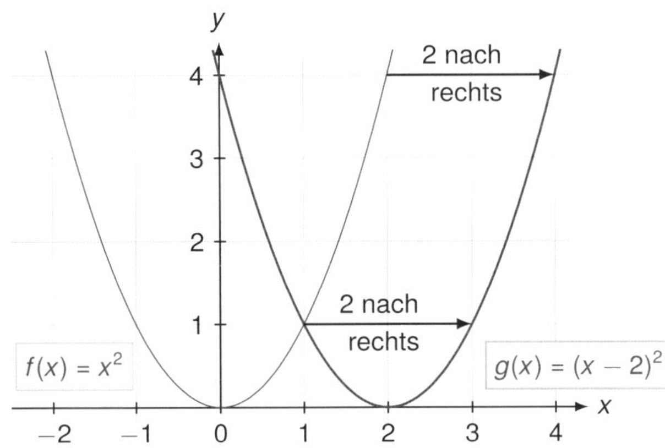

Dazu werfen wir einen Blick auf das nebenstehende Koordinatensystem. Der Scheitelpunkt dieser Parabel und alle anderen Punkte wurden ausgehend von der Normalparabel (hier: $f(x) = x^2$) um 2 Einheiten nach rechts verschoben.

Wenn wir einen Blick auf die Funktionsgleichung werfen, sehen wir, dass sie wie folgt lautet:

$$f(x) = (x - 2)^2$$

Eine Verschiebung in x-Richtung kann man immer daran erkennen, dass der Wert, um welchen die Parabel verschoben wurde, mit umgekehrten Vorzeichen in der Klammer auftaucht.

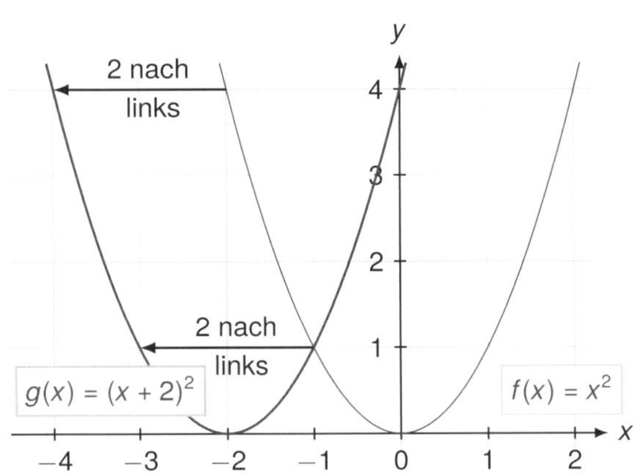

Dazu wollen wir uns ebenfalls eine Parabel angucken, welche nach links verschoben wurde. Die Funktionsgleichung dieser Parabel lautet:

$$g(x) = (x + 2)^2$$

Die Parabel wurde um 2 Einheiten nach links verschoben. Das erkennen wir daran, dass die -2 in unserer Gleichung innerhalb der Klammer mit einem umgekehrten Vorzeichen auftaucht.

Verschiebung in y-Richtung

Die Verschiebung in y-Richtung erkennen wir daran, dass der Wert, um den die Parabel in y-Richtung verschoben wurde, ohne Klammer mit dem korrekten Vorzeichen angehängt wird.

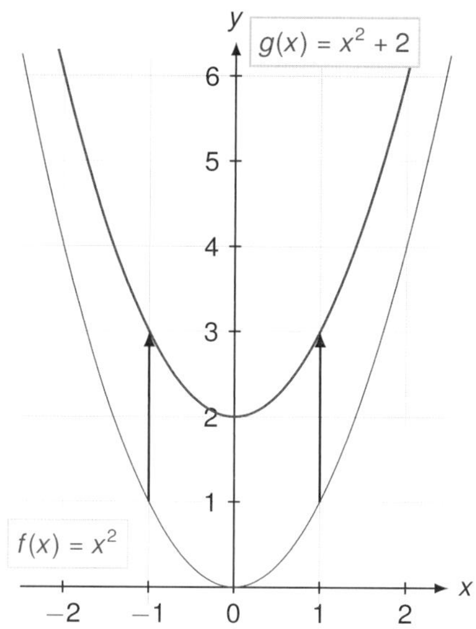

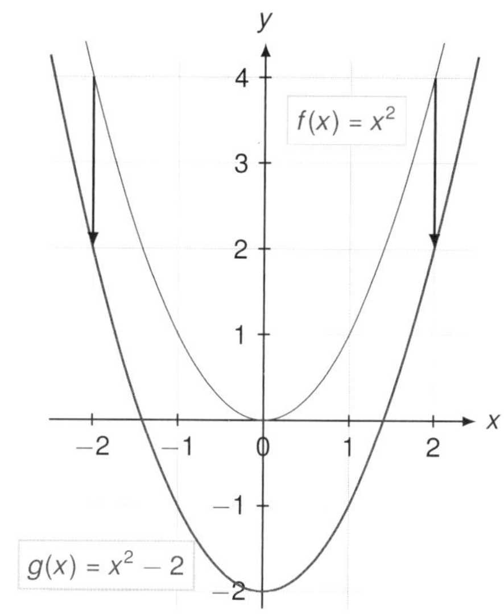

Betrachten wir die linke Parabel. Diese Parabel wurde um 2 Einheiten nach oben verschoben. Die zugehörige Funktionsgleichung muss also $g(x) = x^2 + 2$ lauten. Als nächstes schauen wir uns die rechte Parabel an, welche nach unten verschoben wurde. Wir erkennen wieder an unserer Funktionsgleichung $g(x) = x^2 - 2$, dass unsere Parabel nach unten verschoben wurde.

Natürlich ist es auch möglich, sowohl eine Verschiebung in x-Richtung als auch eine Verschiebung in y-Richtung gleichzeitig durchzuführen.

Dazu betrachten wir die folgende Parabel, welche um 2 Einheiten nach rechts und um 2 Einheiten nach unten verschoben. Die Funktionsgleichung lautet:

$$g(x) = (x - 2)^2 - 2$$

In der Klammer erkennen wir die Verschiebung um 2 Einheiten nach rechts und hinter der Klammer erkennen wir die Verschiebung um 2 Einheiten nach unten. Eine Funktionsgleichung, welche in der obigen Form vorliegt, wird Scheitelpunktform genannt, da es direkt möglich ist die Koordinaten des Scheitelpunktes abzulesen. In unserem Fall also $S(2|-2)$.

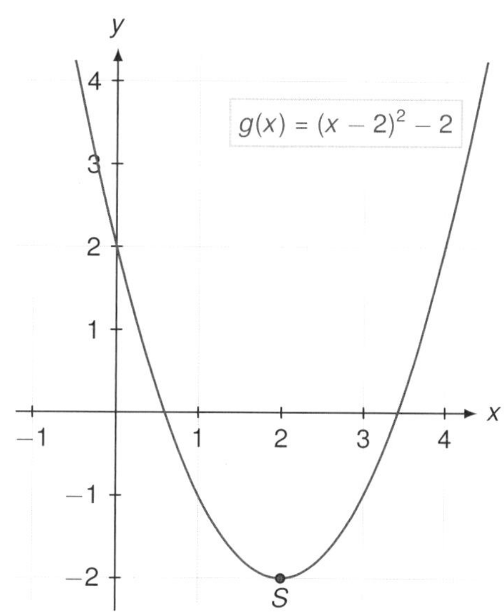

Vertikale Streckung/Stauchung

Wenn wir eine Parabel strecken oder stauchen wollen, müssen wir die Funktion mit einem Faktor c multiplizieren. Aus $f(x) = x^2$ wird dann $g(x) = c \cdot x^2$. Dabei gelten die folgenden Regeln:

$$c > 1 \quad \Rightarrow \quad \text{Streckung}$$
$$0 < c < 1 \quad \Rightarrow \quad \text{Stauchung}$$

Der Faktor c gibt also an, ob es sich um eine Streckung oder um eine Stauchung handelt. Der Faktor c befindet sich entweder direkt vor dem x^2 oder, falls unsere Funktionsgleichung in der Scheitelpunktform vorliegen sollte, direkt vor der Klammer. Dazu wollen wir uns den folgenden Sachverhalt kurz vor Augen halten.

Die Normalparabel $f(x) = x^2$ hat den Faktor $c = 1$. Diesen schreiben wir aus Gründen der mathematischen Faulheit aber nicht hin. Die Normalparabel ist also weder gestreckt noch gestaucht.

Ebenso ist unsere Parabel mit der Funktionsgleichung $f(x) = (x - 2)^2 - 2$ weder gestreckt noch gestaucht, da der Faktor c direkt vor der Klammer ebenfalls den Wert $c = 1$ hat.

Eine gestreckte Parabel könnte die folgende Gleichung haben:

$$g(x) = 2 \cdot (x - 2)^2 - 2$$

Wir erkennen, dass für unseren Faktor c jetzt $c = 2$ gilt. Da c größer als 1 ist, müsste die Parabel gestreckt werden. Dazu betrachten wir die Funktionen $f(x) = (x - 2)^2 - 2$ und $g(x) = 2 \cdot (x - 2)^2 - 2$ in der linken Abbildung.

Wir sehen, dass unsere Parabel g im Verhältnis zur Parabel f wesentlich schmaler aussieht. Sie ist also gestreckt.

Im Gegensatz dazu wollen wir uns auch eine gestauchte Parabel angucken. Wir betrachten dazu die rechte Abbildung. Die Funktionsgleichungen unserer beiden Parabeln lauten: $f(x) = (x - 2)^2 - 2$ und $g(x) = 0{,}5 \cdot (x - 2)^2 - 2$. Wir sehen, dass unsere Parabel g breiter ist als unsere Parabel f. Sie ist also gestaucht.

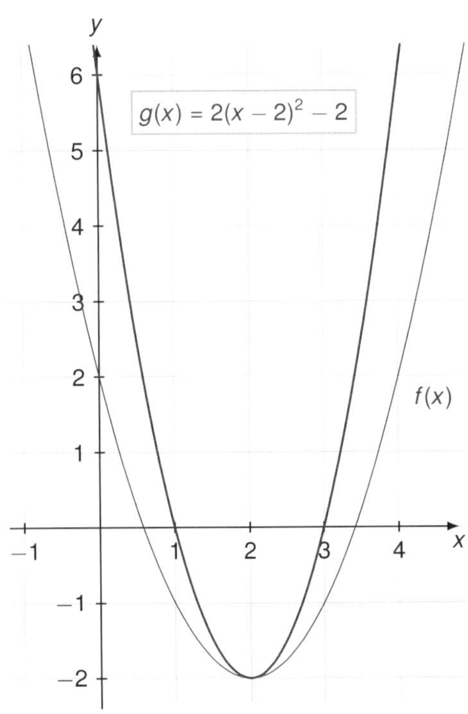

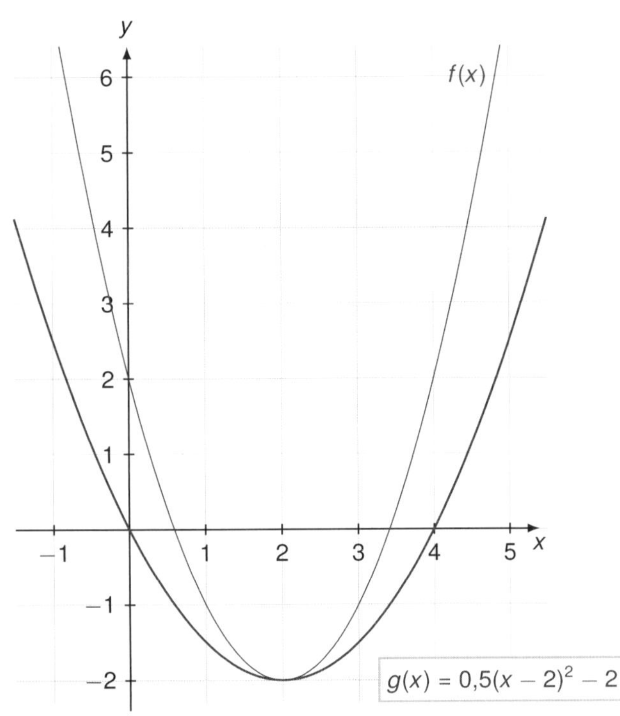

Spiegelung an der x-Achse

Wir erkennen eine an der x-Achse gespiegelte (nach unten geöffnete) Parabel daran, dass der Faktor c negativ ist. Dazu betrachten wir die nebenstehende Darstellung.

Spiegeln

Die Funktionsgleichung unserer Parabel lautet $g(x) = -2\cdot(x-2)^2-1$. Der Faktor c hat den Wert $c = -2$, er ist also negativ. Insgesamt wurden an dieser Parabel also die folgenden Transformationen durchgeführt:

- Verschiebung um 2 Einheiten nach rechts
- Verschiebung um 1 Einheiten nach unten
- Streckung mit dem Faktor $c = 2$
- Spiegelung an der x-Achse (Öffnung zeigt nach unten)

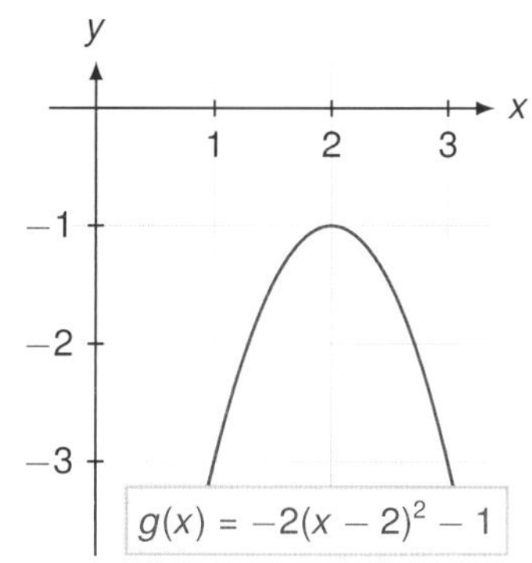

2.3 Umkehrfunktion

Für eine Funktion $f(x)$ ist $f^{-1}(x)$ eine Umkehrfunktion, wenn für $y = f(x)$ gilt: $x = f^{-1}(y)$. Also wenn man in die Umkehrfunktion einen Funktionswert y der Ausgangsfunktion einsetzt, so erhält man den dazugehörigen x-Wert. Vorgehen:

Ablauf

1. Funktion als $y = f(x)$ umschreiben und nach x auflösen.
2. Variablentausch von x und y liefert $f^{-1}(x)$.

Achtung bei x^2

Eine Funktion ist umkehrbar, wenn jeder Funktionswert y nur an einer einzigen Stelle $x \in D_f$ angenommen wird: $f(x_1) = f(x_2) \Rightarrow x_1 = x_2$.

Eine solche Funktion f hat eine Umkehrfunktion f^{-1}, definiert durch $f^{-1}(y) = x$ für $y = f(x)$, also $f^{-1}(f(x)) = x$. In manchen Fällen muss man den Definitionsbereich einer Funktion einschränken, damit die so eingeschränkte Funktion umkehrbar ist.

Beispiel: $f(x) = x^2$, definiert für alle $x \in \mathbb{R}$, ist nicht umkehrbar, weil z.B. $(-3)^2 = 9 = 3^2$ und $-3 \neq 3$ ist. Ist $f(x) = x^2$ aber nur für $x \geq 0$ definiert, ist sie umkehrbar mit der Wurzelfunktion als Umkehrfunktion: $f^{-1}(x) = \sqrt{x}$.

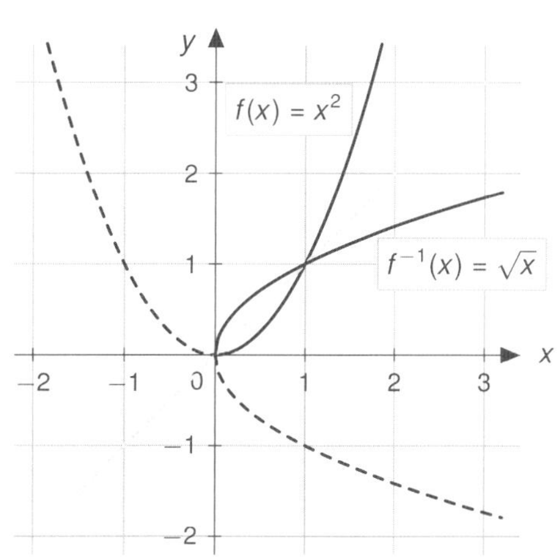

In manchen Fällen lässt sich die Gleichung für die Umkehrfunktion so bestimmen:

(i) Gleichung $y = f(x)$ nach x auflösen

(ii) Variablentausch

1. Lineare Funktion: Bestimme die Umkehrfunktion von $f(x) = 2x + 1$.

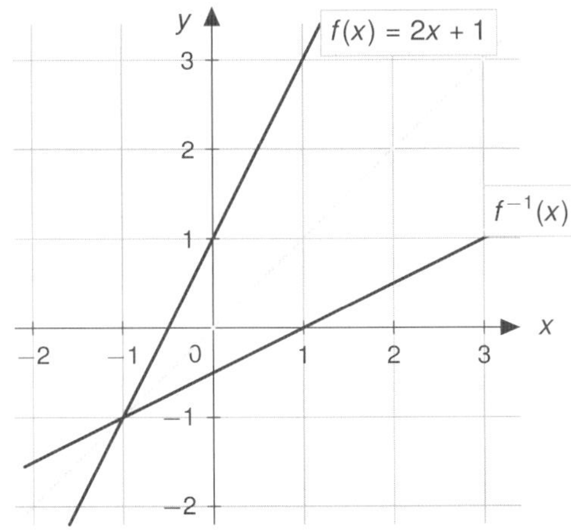

Wir arbeiten das obige Vorgehen ab und lösen die Gleichung nach x auf.

$$y = 2x + 1 \quad | -1$$
$$\Leftrightarrow \quad y - 1 = 2x \quad | :2$$
$$\Leftrightarrow \quad 0{,}5y - 0{,}5 = x$$

Das Tauschen der Variablen liefert die Umkehrfunktion $f^{-1}(x) = 0{,}5x - 0{,}5$.

2. Quadratische Funktion: Bestimme die Umkehrfunktion von $f(x) = (x + 1)^2$.

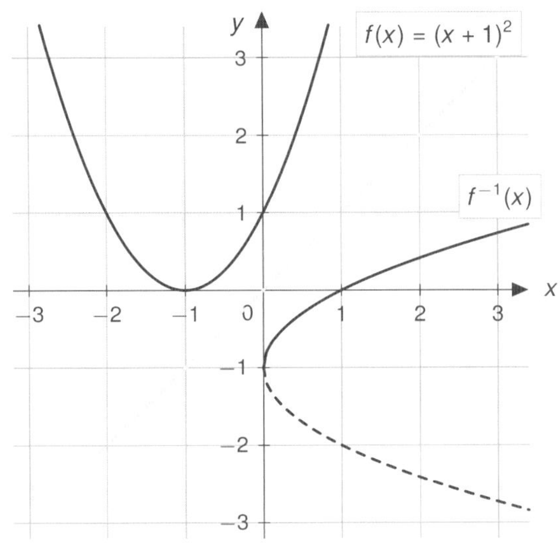

$$y = (x + 1)^2 \quad |\sqrt{\ }$$
$$\Leftrightarrow \quad \pm\sqrt{y} = x + 1 \quad | -1$$
$$\Leftrightarrow \quad \pm\sqrt{y} - 1 = x$$

Das Tauschen von x und y zu $y = \pm\sqrt{x} - 1$ liefert die Umkehrfunktionen

$$f^{-1}(x) = \sqrt{x} - 1$$

Nicht jede Funktion hat auch eine entsprechende Umkehrfunktion.

2.4 Was ist in der Funktion gegeben?

In Anwendungsaufgaben müssen wir verstehen, was die Funktion überhaupt beschreibt. Oft geht es dabei um Füllbestände irgendwelcher Stauseen oder Geschwindigkeiten von Flugzeugen. Daher ist es sehr wichtig zu wissen, was z.B. die Ableitung der Geschwindigkeit im Sachzusammenhang bedeutet. Die folgende Übersicht soll euch als Zusammenfassung dienen. Wenn in unserer Funktion für $f(t)$ folgendes angegeben ist, dann ist

Zusammenhang

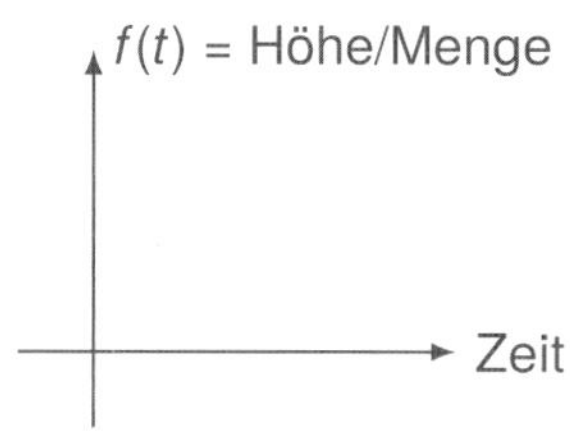

$f'(t)$	Geschwindigkeit
$f''(t)$	Beschleunigung
$\frac{y_2-y_1}{x_2-x_1}$	∅ Geschwindigkeit
$\frac{1}{b-a}\int_a^b f(t)\,dt$	∅ Höhe/Menge

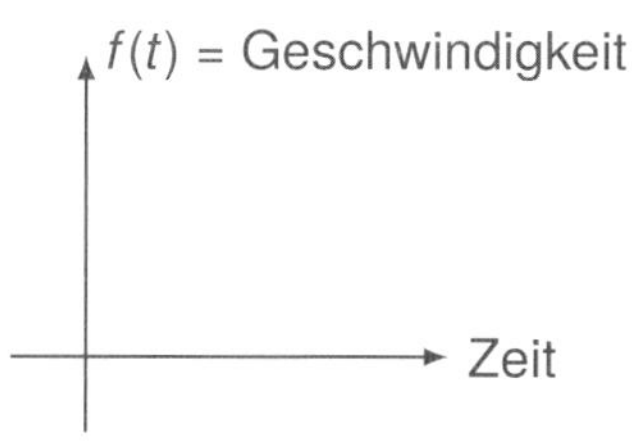

$f'(t)$	Beschleunigung
$\frac{y_2-y_1}{x_2-x_1}$	∅ Beschleunigung
$\frac{1}{b-a}\int_a^b f(t)\,dt$	∅ Geschwindigkeit
$F(t)+C$	Höhe/Menge mit C als Höhe/Menge in $t=0$

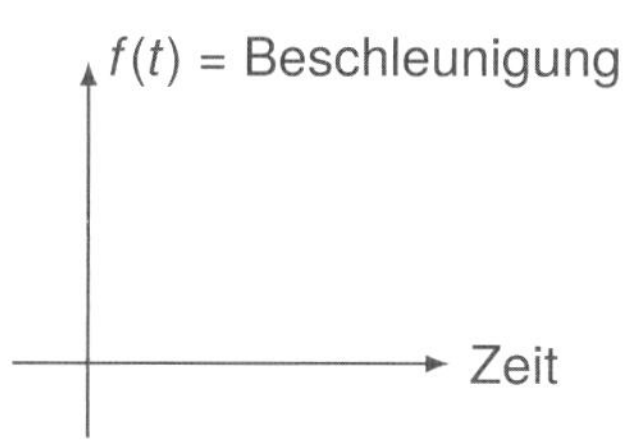

$\int_a^b f(t)\,dt$	Geschwindigkeit → hinzugewonnene Geschwindigkeit zwischen a und b
$\frac{1}{b-a}\int_a^b f(t)\,dt$	∅ Beschleunigung
$F(t)+C$	Geschwindigkeit mit C als Geschwindigkeit in $t=0$

Anmerkung: Das ∅ liest sich z.B. als *durchschnittliche* Geschwindigkeit.

3 Gleichungen lösen

Zur Bestimmung von x gibt es einige Standardtechniken, die ihr beherrschen solltet.

1. Umformen:

$$\begin{aligned} 2x - 8 &= 0 \quad | +8 \\ \Leftrightarrow \quad 2x &= 8 \quad | :2 \\ \Leftrightarrow \quad x &= 4 \end{aligned}$$

Umformen

2. Umformen/Wurzel:

$$\begin{aligned} 2x^2 - 8 &= 0 \quad | +8 \\ \Leftrightarrow \quad 2x^2 &= 8 \quad | :2 \\ \Leftrightarrow \quad x^2 &= 4 \quad | \sqrt{} \\ \Leftrightarrow \quad x_1 = 2 &\wedge x_2 = -2 \end{aligned}$$

Wurzel ziehen

> Merke: Die Gleichung $x^2 = a$ hat für
>
> - $a > 0$ die beiden Lösungen $x = \pm\sqrt{a}$,
> - $a = 0$ die einzige Lösung $x = 0$,
> - $a < 0$ keine Lösung, denn es darf keine Wurzel aus einer negativen Zahl gezogen werden! Die Lösungsmenge ist in diesem Fall leer: $\mathbb{L} = \{\}$.

3. Ausklammern:

$$x^3 - \frac{1}{4}x^5 = 0 \quad | \text{ größte gemeinsame } x \text{ ausklammern!}$$

$$\Leftrightarrow \quad \underbrace{\underbrace{x^3}_{\text{Faktor}} \cdot \underbrace{\left(1 - \frac{1}{4}x^2\right)}_{\text{Faktor}}}_{\text{Produkt}} = 0$$

Ausklammern / Faktorisieren

Merke: Ein Produkt (Faktor MAL Faktor) ist Null, wenn einer der beiden Faktoren Null ist. Nach dem Ausklammern bestimmt ihr für den Teil in der Klammer und den Teil außerhalb der Klammer jeweils separat die Nullstellen.

$$x^3 = 0 \quad \text{oder} \quad 1 - \frac{1}{4}x^2 = 0 \quad \Leftrightarrow \quad x_1 = 2 \wedge x_2 = -2$$

Hinweis: Dieser Lösungsweg ist nur dann sinnvoll, wenn keine Zahl ohne x vorkommt!

pq-Formel

4. <u>*pq*-Formel:</u>

> Um die *pq*-Formel verwenden zu können, müssen quadratische Gleichungen (höchste Potenz ist 2) in die Form
> $$x^2 + px + q = 0$$
> gebracht werden, so dass beim x^2 kein Vorfaktor mehr steht. Anschließend kann die *pq*-Formel verwendet werden und die Lösungen lauten:
> $$x_{1,2} = -\frac{p}{2} \pm \sqrt{\left(\frac{p}{2}\right)^2 - q}.$$

Beispiel:

$$\begin{aligned} & 2x^2 - 4x - 16 = 0 \quad | :2 \\ \Leftrightarrow\quad & x^2 - 2x - 8 = 0 \quad | \ pq\text{-Formel anwenden} \\ \Rightarrow\quad & x_{1,2} = -\frac{-2}{2} \pm \sqrt{\left(\frac{-2}{2}\right)^2 - (-8)} = 1 \pm \sqrt{9} \\ \Leftrightarrow\quad & x_1 = 4 \wedge x_2 = -2 \end{aligned}$$

abc-Formel

5. <u>*abc*-Formel:</u>

> Auch Mitternachts-Formel genannt, kann alternativ zur *pq*-Formel verwendet werden. Die quadratische Gleichung
> $$ax^2 + bx + c = 0$$
> lässt sich direkt lösen. Das Ergebnis lautet
> $$x_{1,2} = \frac{-b \pm \sqrt{b^2 - 4ac}}{2a}.$$

Beispiel: $2x^2 - 4x - 16 = 0 \quad | :2$

$$\begin{aligned} \Rightarrow\quad & x_{1,2} = \frac{-(-4) \pm \sqrt{(-4)^2 - 4 \cdot 2 \cdot (-16)}}{2 \cdot 2} = \frac{4 \pm \sqrt{16 + 128}}{4} = \frac{4 \pm 12}{4} \\ \Leftrightarrow\quad & x_1 = 4 \wedge x_2 = -2 \end{aligned}$$

Substitution

6. <u>Substitution:</u>

Schauen wir uns folgende Gleichung an: $x^4 - 2x^2 - 8 = 0$. Uns fällt sofort auf, dass nur gerade Exponenten auftreten. Um diese Gleichung zu lösen, ersetzen wir x^2 durch z und erhalten wieder eine quadratische Gleichung, die mit der *pq*-Formel gelöst werden kann. Nach dem Lösen darf aber nicht die Rücksubstitution vergessen werden!

$$x^4 - 2x^2 - 8 = 0 \quad \overset{x^2 = z}{\Longrightarrow} \quad z^2 - 2z - 8 = 0$$

Mit der *pq*-Formel erhalten wir dann die Lösungen: $z_1 = 4 \wedge z_2 = -2$. Bei der Rücksubstitution müssen wir, wie der Name schon sagt, wieder zurück ersetzen. Es folgt:

$$z_1 = 4 \quad \overset{z_1 = x_1^2}{\Longrightarrow} \quad x_1^2 = 4 \quad \Leftrightarrow \quad x_1 = 2 \wedge x_2 = -2$$

$$z_2 = -2 \quad \overset{z_2 = x_3^2}{\Longrightarrow} \quad x_3^2 = -2: \ \text{Quadratwurzel nicht möglich}$$

7. Polynomdivision:

Falls eine Gleichung vorliegt, die nicht mit den obigen Verfahren gelöst werden kann, muss oft die Polynomdivision verwendet werden - oder der TR! Beispiel:

$$f(x) = 2x^3 - 7x^2 + 10x - 5$$

Der Trick ist eine Nullstelle zu erraten oder sie dem Aufgabentext zu entnehmen. Wir wissen, dass die Nullstelle ein Vielfaches oder ein Teiler des **Absolutgliedes** ist, also von dem Teil der Gleichung, der kein x enthält. Somit erhalten wir die Nullstelle $x_1 = 1$ durch ausprobieren.

$$\text{Probe:}\quad f(1) = 2 \cdot 1^3 - 7 \cdot 1^2 + 10 \cdot 1 - 5 = 0 \checkmark$$

Kommen wir nun zur Polynomdivision. Das Vorgehen sollte noch aus der Divisionsrechnung in der Grundschule bekannt sein! Die Ausgangsfunktion wird durch (x - Nullstelle) geteilt, also in diesem Fall durch $(x - 1)$.

Polynomdivision

$$(2x^3 - 7x^2 + 10x - 5) : (x - 1) = ??$$

Schauen wir uns nun die rechte Klammer $(x - 1)$ an. Es muss eine Zahl mit dem x der Klammer multipliziert werden, damit der erste Term der ersten Klammer, hier $2x^3$, herauskommt. In diesem Fall wäre das $2x^2$. Nun wird $2x^2$ mit $(x - 1)$ multipliziert und von der ersten Klammer subtrahiert.

$$\begin{array}{l}
\left(2x^3 - 7x^2 + 10x - 5\right) : \left(x - 1\right) = 2x^2 - 5x + 5 \\
\underline{-2x^3 + 2x^2} \\
\qquad -5x^2 + 10x \\
\qquad \underline{\;\;5x^2 - 5x} \\
\qquad\qquad\quad 5x - 5 \\
\qquad\qquad \underline{-5x + 5} \\
\qquad\qquad\qquad\;\; 0
\end{array}$$

Das Ergebnis wird drunter geschrieben und der Vorgang wird solange wiederholt, bis wir zu einem Ergebnis kommen.

Das Ergebnis $2x^2 - 5x + 5$ der Polynomdivision kann mit der pq-Formel gelöst werden. Beim Aufschreiben der Lösungsmenge darf die geratene Nullstelle nicht vergessen werden. Wenn die Division nicht aufgeht, war die geratene Zahl keine Nullstelle.

8. Newtonverfahren:

Das Newtonverfahren ist ein Näherungsverfahren zur Bestimmung der Nullstellen. Bei einfachen Termen sind die anderen Methoden sicherlich schneller. Wenn die Funktionen komplexer werden wird aber häufig zum Newtonverfahren gegriffen. Dafür wird folgende Formel verwendet:

Newtonverfahren

$$x_{neu} = x_{start} - \frac{f(x_n)}{f'(x_n)}$$

Im Genaueren bedeutet es, dass wir einen Startwert x_{start} selbst bestimmen müssen und diesen in die Formel einsetzen, um x_{neu} zu erhalten. Wenn dieses Verfahren oft genug wiederholt wird, werdet ihr merken, dass sich irgendwann der Wert des Ergebnisses nicht mehr bzw. kaum ändert. Erst dann können wir den Wert als Nullstelle verwenden.

Das Newton-Verfahren wollen wir an dem folgenden Beispiel kurz durchspielen. Als willkürlichen Startwert wählen wir $x_{start} = 18$.

$$x^3 - 15x^2 - 175 = 0$$

x_{start}	$f(x)$	$f'(x)$	$x_{neu} = x_{start} - \frac{f(x)}{f'(x)}$
18	797	432	16,16
16,16	127,93	298,64	15,73
15,73	5,63	270,40	15,71

Wie wir sehen ändert sich der x-Wert bereits beim 2. Schritt nicht mehr stark (von 15,73 auf 15,71)! Beim nächsten Schritt kann es schon passieren, dass sich nur noch die Nachkommastellen ändern. Wir könnten sagen, dass die Nullstelle ungefähr bei 15,71 liegt.

Merke: Pro Startwert finden wir nur eine Nullstelle!

Zusatz: Gleichung mit e-Funktion lösen

Zur Lösung von Gleichungen mit e-Funktionen werden in der Regel ihre Umkehrfunktion, also der natürlichen Logarithmus ln, verwendet. Ein nützlicher Zusammenhang ist

$$e^{\ln(x)} = x \quad \text{bzw.} \quad \ln(e^x) = x.$$

Achtet auf die Logarithmengesetze! Es folgen einige **Beispiele** zum Lösen von Gleichungen mit e-Funktionen:

$$\begin{aligned} e^{2x} \cdot (x^2 - 2) &= 0 \\ e^{2x} = 0 \ \lightning \vee x^2 - 2 &= 0 \quad | + 2 \\ x^2 &= 2 \quad | \sqrt{\ } \\ x_1 = \sqrt{2} \wedge x_2 &= -\sqrt{2} \end{aligned}$$

Warum bringt $e^{2x} = 0$ keine Lösung? Wenn beide Seite logarithmiert werden folgt $2x = \ln(0)$. Da der natürliche Logarithmus aber für 0 nicht definiert ist ($\mathbb{D} = (0,\infty)$), gibt es keine Lösung.

Weitere Beispiele:

a)
$$\begin{aligned} & 8e^{-2x} - 16 &&= 0 && | + 16 \\ \Leftrightarrow\ & 8e^{-2x} &&= 16 && | : 8 \\ \Leftrightarrow\ & e^{-2x} &&= 2 && | \ln \\ \Leftrightarrow\ & \ln(e^{-2x}) &&= \ln(2) && \\ \Leftrightarrow\ & -2x &&= \ln(2) && | : (-2) \\ \Leftrightarrow\ & x &&= -\ln(2)/2 && \end{aligned}$$

b)
$$\begin{aligned} & 4e^{3x} - e^{2x} &&= 0 && | + e^{2x} \\ \Leftrightarrow\ & 4e^{3x} &&= e^{2x} && | \ln \\ \Leftrightarrow\ & \ln(4 \cdot e^{3x}) &&= \ln(e^{2x}) && \\ \Leftrightarrow\ & \ln(4) + \ln(e^{3x}) &&= 2x && \\ \Leftrightarrow\ & \ln(4) + 3x &&= 2x && | - 3x \\ \Leftrightarrow\ & -\ln(4) &&= x && \end{aligned}$$

4 Ableiten

In diesem Kapitel werden wir euch die Grundlagen beim Ableiten erklären. Was ihr zunächst wissen solltet: Geometrisch entspricht die Ableitung einer Funktion der Tangentensteigung. Wie ihr euch das vorstellen könnt, seht ihr in der Abbildung. Angenommen die Funktion lautet $f(x) = x^2$, dann lautet die zugehörige erste Ableitung $f'(x) = 2x$, welche die Steigung der Tangente an jeder Stelle x_0 definiert.

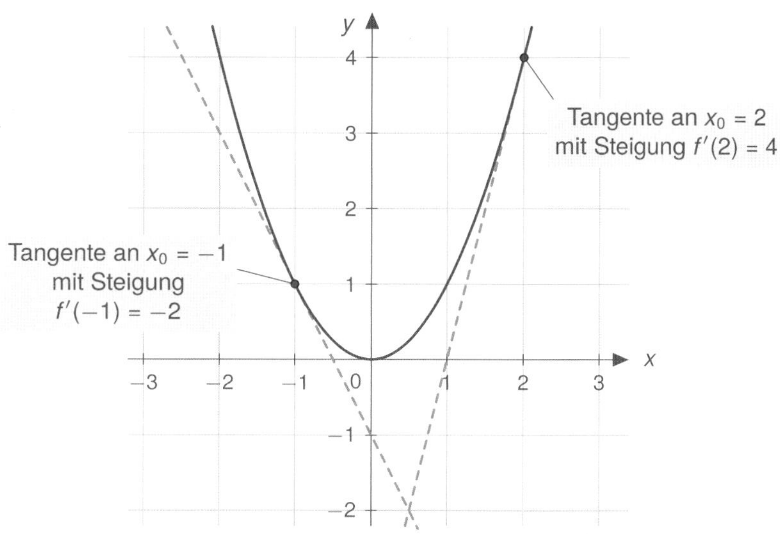

Setzen wir für x Zahlen ein, z.B. $x_0 = 2$, sehen wir, dass die Tangentensteigung an der Stelle 2 gleich $f'(2) = 4$ ist. Wenn wir $x_0 = -1$ einsetzen, erhalten wir mit $f'(-1) = -2$ die Steigung der Tangente an der Stelle -1. Es gilt (was sich leicht aus der obigen Graphik nachvollziehen lässt):

- liegt x_0 in einem Bereich, in dem die Kurve steigt, gilt $f'(x) > 0$
- liegt x_0 in einem Bereich, in dem die Kurve fällt, gilt $f'(x) < 0$

Wozu brauchen wir die Ableitung? Im Kapitel Kurvendiskussion werden wir sehen, dass die erste Ableitung zum Beispiel ein notwendiges Kriterium zum Vorliegen von Extremwerten ist. Denn wenn die Tangentensteigung an einer Stelle gleich 0 ist, also $f'(x_0) = 0$, wissen wir, dass an der Stelle x_0 (können auch mehrere Stellen sein) ein Hoch- oder Tiefpunkt (oder Sattelpunkt) vorliegt.

Bevor wir uns jetzt die ganzen Ableitungsregeln anschauen, sollen die Zusammenhänge der Ableitungen untereinander verständlich gemacht werden. Wie diese zusammenhängen sehen wir im nachfolgenden Abschnitt.

4.1 Grafisches Ableiten/Aufleiten

Anhand der folgenden Grafik können wir schön sehen, wie $f(x), f'(x)$ und $f''(x)$ miteinander verbunden sind.

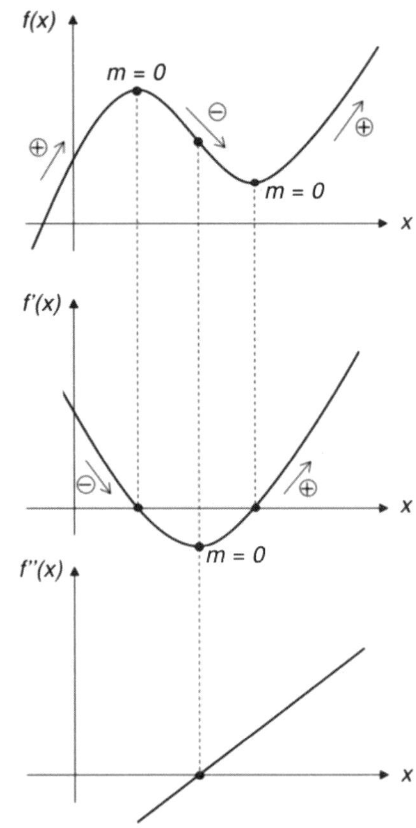

N steht hierbei für die Nullstelle, E für Extrempunkt und W für den Wendepunkt.

$f(x)$	N	E	**W**		
$f'(x)$		N	**E**	W	
$f''(x)$			**N**	E	W

Was soll uns diese Tabelle sagen? Die Tabelle zeigt zusammenfassend, welche Funktion uns welchen Wert für die jeweilige Ableitung oder Aufleitung liefert.

Gucken wir uns dazu die Abbildung etwas genauer an: Die Nullstelle der 2. Ableitung $f''(x)$ zeigt uns den x-Wert für den Extrempunkt der 1. Ableitung $f'(x)$. Dieser wiederum zeigt uns, wo die Ausgangsfunktion $f(x)$ seinen Wendepunkt hat.

4.2 Ableitungsregeln

Um die Ableitung einer Funktion korrekt zu berechnen, müssen wir einige Ableitungsregeln kennen. Je nach Aussehen der Funktion kommen dabei eine oder mehrere der nachfolgenden Regeln zum Einsatz. Anschließend gehen wir auf die höheren Ableitungsregeln ein. Hier zunächst die Übersicht der grundlegenden Regeln:

Ableitung einer Konstanten:	$f(x) = C$	$\rightarrow f'(x) = 0$
Ableitung von x :	$f(x) = x$	$\rightarrow f'(x) = 1$
Potenzregel:	$f(x) = x^p$	$\rightarrow f'(x) = p \cdot x^{p-1}$
Faktorregel:	$f(x) = c \cdot g(x)$	$\rightarrow f'(x) = c \cdot g'(x)$
Summen-/Differenzregel:	$f(x) = g(x) \pm h(x)$	$\rightarrow f'(x) = g'(x) \pm h'(x)$

Beispiele:

1. <u>zu Ableitung einer Konstanten</u>:

   z.B.: $f(x) = 5 \to f'(x) = 0$ oder $f(x) = -8 \to f'(x) = 0$

2. <u>zu Ableitung von x</u>

   z.B.: $f(x) = x + 5 \to f'(x) = 1$ oder $f(x) = x - 8 \to f'(x) = 1$

3. <u>zu Potenzregel</u>:

   z.B.: $f(x) = x^3 \to f'(x) = 3x^2$ oder $f(x) = x^{-5} \to f'(x) = -5x^{-6}$

4. <u>zu Faktorregel</u>:

   z.B.: $f(x) = 2x^3 \to f'(x) = 6x^2$ oder $f(x) = -4x^{-4} \to f'(x) = 16x^{-5}$

5. <u>zu Summen-/Differenzregel</u>:

   z.B.: $f(x) = x^3 + 2x - 5 \to f'(x) = 3x^2 + 2$

Einfache Beispiele

Potenzregel

Faktor-/ Summenregel

Neben Potenzfunktionen der Form $f(x) = x^p$ haben wir bereits weitere Funktionen kennengelernt, wie die Exponential- und Logarithmusfunktion. Bei diesen beiden Funktionen müssen wir uns die Ableitung einfach merken, denn die Ableitung von z.B. $f(x) = e^x$ ist $f'(x) = e^x$. Die Ableitung entspricht also der e-Funktion selbst. Diese und weitere besondere Ableitungen stehen in der nebenstehenden Tabelle, welche ihr unbedingt können müsst.

$f(x)$	$f'(x)$
e^x	e^x
a^x	$a^x \cdot \ln(a)$
$\ln(x)$	$1/x$
$\sin(x)$	$\cos(x)$
$\cos(x)$	$-\sin(x)$
$\sqrt{x} = x^{1/2}$	$1/(2\sqrt{x})$
$1/x = x^{-1}$	$-x^{-2} = -1/x^2$

4.3 Höhere Ableitungsregeln

Bei verketteten Funktionen oder wenn zwei Funktionen (in denen jeweils ein x vorkommt) miteinander multipliziert werden, müssen höhere Ableitungsregeln beachtet werden.

Kettenregel: $(u(v(x)))' = u'(v(x)) \cdot v'(x)$

Produktregel: $(u \cdot v)' = u' \cdot v + u \cdot v'$

Quotientenregel: $\left(\frac{u}{v}\right)' = \frac{u' \cdot v - u \cdot v'}{v^2}$

Ableitungsregel erkennen

Produktregel

Kettenregel

Quotientenregel

Beispiele

1. zur Kettenregel: $f(x) = (x^3 + 5x)^3$

   mit $u(v) = v^3 \rightarrow u'(v) = 3v^2$ und $v(x) = x^3 + 5x \rightarrow v'(x) = 3x^2 + 5$ lautet die erste Ableitung:

   $$f'(x) = \underbrace{3 \cdot (x^3 + 5x)^2}_{u'(v(x))} \cdot \underbrace{(3x^2 + 5)}_{v'(x)}$$

   Klammersetzung nicht vergessen bei $v'(x)$!

   > „Regel“ für die Ableitung von komplizierteren Potenzausdrücken:
   >
   > $$\left((etwas)^p\right)' = p \cdot (etwas)^{p-1} \cdot (etwas)'$$

   Das *etwas* steht für eine beliebige Funktion, wie z.B. $x^3 + 5x$ oder e^x etc.

2. zur Produktregel: $f(x) = \underbrace{(2x^3 - 5)}_{u(x)} \cdot \underbrace{\sqrt{x}}_{v(x)}$

   mit $u(x) = 2x^3 - 5 \rightarrow u'(x) = 6x^2$ und $v(x) = \sqrt{x} \rightarrow v'(x) = \frac{1}{2\sqrt{x}}$ lautet die erste Ableitung:

   $$f'(x) = 6x^2 \cdot \sqrt{x} + (2x^3 - 5) \cdot \frac{1}{2\sqrt{x}}$$

   Klammersetzung nicht vergessen bei $u(x)$!

3. zur Quotientenregel: $f(x) = \frac{x^3+2}{x^5}$

   mit $u(x) = x^3 + 2 \rightarrow u'(x) = 3x^2$ und $v(x) = x^5 \rightarrow v'(x) = 5x^4$ lautet die erste Ableitung:

   $$f'(x) = \frac{3x^2 \cdot x^5 - (x^3 + 2) \cdot 5x^4}{(x^5)^2} = \frac{3x^7 - 5x^7 - 10x^4}{x^{10}} = \frac{-2x^7 - 10x^4}{x^{10}}$$

Manchmal kann es sinnvoll sein, den Bruch umzuformen, denn dann benötigen wir die Quotientenregel gar nicht! Schreibt den Bruch einfach als Produkt und wendet die Produktregel an.

4.4 *e*- und ln-Funktion ableiten

e^x ableiten

e-Fkt. im Produkt ableiten

Eine *e*-Funktion wird folgendermaßen abgeleitet: Ihr verwendet „offiziell“ die Kettenregel, aber es geht eigentlich um einiges einfacher. Wir betrachten dafür die Funktion

$$f(x) = e^{5x},$$

welche wir nach x ableiten wollen. Dafür schreiben wir einfach den Term mit der *e*-Funktion nochmal hin und multiplizieren das Ding mit dem abgeleiteten Exponenten. Der Exponent ist hier $5x$ und abgeleitet wäre das einfach 5. Dann folgt für die Ableitung $f'(x) = e^{5x} \cdot 5$.

„Regel" für die Ableitung von e-Funktionen:

$$\left(e^{etwas}\right)' = e^{etwas} \cdot (etwas)'$$

Weitere Beispiele stehen in der Tabelle.

$f(x)$	$f'(x)$
e^x	e^x
$2e^x$	$2e^x$
$3e^x$	$3e^x$
e^{2x}	$2e^{2x}$
e^{3x}	$3e^{3x}$
e^{x^2}	$2xe^{x^2}$
e^{2-4x}	$-4e^{2-4x}$
$20e^{3x}$	$3 \cdot 20e^{3x}$
$x \cdot e^{2x}$	Produktregel

Falls eine e-Funktion mit anderen Funktionen multipliziert wird, müssen wir die bereits bekannte Produktregel anwenden. Hier ein kleines **Beispiel**:

$$f(x) = \underbrace{(x^2 - 2)}_{u(x)} \cdot \underbrace{e^{-2x}}_{v(x)}$$

mit $u(x) = x^2 - 2 \quad u'(x) = 2x$

und $v(x) = e^{-2x} \quad v'(x) = -2e^{-2x}$

Somit ergibt sich für die erste Ableitung:

$$f'(x) = 2xe^{-2x} + (x^2 - 2) \cdot (-2e^{-2x})$$

Oft ist es hilfreich, die Anteile mit e auszuklammern. Gerade wenn dieser Ausdruck gleich 0 gesetzt wird, z.B. um die Extremstellen zu bestimmen. Vereinfacht folgt:

$$\begin{aligned} f'(x) &= e^{-2x}(2x + (x^2 - 2)(-2)) \\ &= e^{-2x}(2x - 2x^2 + 4) \\ &= e^{-2x}(-2x^2 + 2x + 4) \end{aligned}$$

Wird von uns die Ableitung der ln-Funktion verlangt, müssen wir zunächst wissen, dass die Ableitung von $f(x) = \ln(x) \rightarrow f'(x) = 1/x$ ist. Steht statt dem x etwas anderes da, muss die Kettenregel verwenden.

ln ableiten

ln ableiten mit Bruch

„Regel" für die Ableitung von ln-Funktionen:

$$(\ln(etwas))' = \frac{1}{etwas} \cdot (etwas)'$$

Beispiel

$$\begin{aligned} f(x) = \ln(5x^2 - 3x) \rightarrow f'(x) &= \frac{1}{5x^2 - 3x} \cdot (5x^2 - 3x)' \\ &= \frac{1}{5x^2 - 3x} \cdot (10x - 3) \end{aligned}$$

Mit den eingeführten „Regeln" können wir e- und ln-Funktionen leicht ableiten.

Notizen

5 Sekante, Tangente und Normale

5.1 Sekantengleichung aufstellen

Die *Sekante* schneidet eine Funktion $f(x)$ in zwei Punkten. Im Sachzusammenhang gesehen beschreibt die Steigung der Sekante die durchschnittliche Änderung in einem Bereich, der durch die Schnittpunkte P_1 und P_2 der Geraden mit der Funktion gegeben ist.

Differenz- und Differentialquotient

Zur Erinnerung:

$$m = \frac{y_2 - y_1}{x_2 - x_1} = \frac{f(x_2) - f(x_1)}{x_2 - x_1}$$

Was ist in der Regel gegeben?

- Funktion, z.B. $f(x) = 3x^2 + 1$
- zwei Punkte oder zwei x-Werte, z.B. $P_1(-1|f(-1))$, $P_2(2|f(2))$

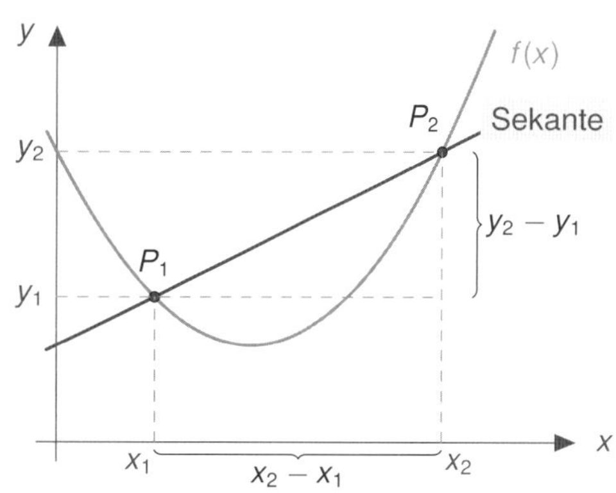

1. Allgemeine Geradengleichung: $y = mx + b$. Wir suchen also m und b!
2. Für m: Steigung durch zwei Punkte, also $m = \frac{f(x_2)-f(x_1)}{x_2-x_1}$
3. Für b: m und einen der beiden Punkte in allgemeine Geradengleichung einsetzen.

Für unser Beispiel wird die Sekantengleichung wie folgt berechnet:

$$y = m \cdot x + b \text{ mit } m = \frac{(3 \cdot 2^2 + 1) - (3 \cdot (-1)^2 + 1)}{2 - (-1)} = \frac{9}{3} = 3 \text{ und } P_2(2|13) \Rightarrow 13 = 3 \cdot 2 + b \quad |-6$$

Mit $m = 3$ und $b = 7$ lautet die gesuchte Sekantengleichung $y = 3x + 7$.

5.2 Tangentengleichung aufstellen

Die *Tangente* berührt eine Funktion $f(x)$ in einem Punkt P_0. Die Steigung der Tangente m_{tan} beschreibt die Steigung in einem beliebigen Punkt x_0. Im Sachzusammenhang gesehen beschreibt die Steigung die momentane Änderung.

von Sekanten- zur Tangentensteigung

Zur Erinnerung: $m_{tan} = f'(x_0)$

Was ist in der Regel gegeben?

- Funktion, z.B. $f(x) = 3x^2 + 1$
- x-Wert, z.B. $P(1/f(1))$

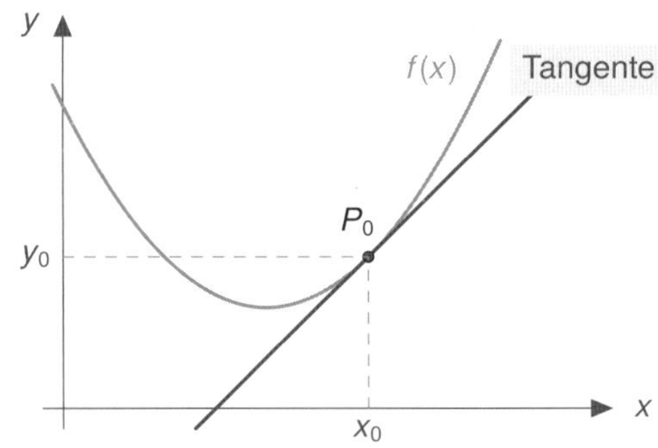

1. Allgemeine Geradengleichung gesucht: $y = m \cdot x + b$. Wir suchen also m und b!
2. Ableitung $f'(x)$ bestimmen, hier $f'(x) = 6x$
3. für y: x-Wert von P in $f(x)$ einsetzen, hier $y = f(1) = 3 \cdot 1^2 + 1 \Rightarrow y = 4$
4. für m: x-Wert in $f'(x)$ einsetzen, hier $f'(1) = 6 \cdot 1 \Rightarrow m = 6$
5. für b: m, x und y in allgemeine Geradengleichung einsetzen.

Für unser Beispiel folgt: $y = m \cdot x + b \;\Rightarrow\; 4 = 6 \cdot 1 + b \;\Leftrightarrow\; 4 = 6 + b \;\Leftrightarrow\; b = -2$.
Mit $m = 6$ und $b = -2$ lautet die gesuchte Tangentengleichung $y = 6x - 2$.

5.3 Normale, Senkrechte bzw. Orthogonale aufstellen

Tangentengleichung aufstellen

Normalengleichung aufstellen

Die Ableitung einer Funktion $f(x)$ an einem Punkt P_0 ist gleich der Steigung der Tangente m_{tan} an diesem Punkt. Die Normale verläuft senkrecht (orthogonal) zur Tangente an diesem Berührungspunkt. Ihre Steigung ist der negative Kehrwert der Steigung der Tangente.

Wie wir bereits kennengelernt haben, wird die Steigung der Tangente durch $m_{\text{tan}} = f'(x_0)$ bestimmt. Die Steigung der Normalen lautet demnach:

$$m_{\text{norm}} = -\frac{1}{m_{\text{tan}}} = -\frac{1}{f'(x_0)}$$

Was ist in der Regel gegeben?

- Funktion, hier $f(x) = 3x^2 + 1$
- x-Wert, hier $P(1|f(1))$

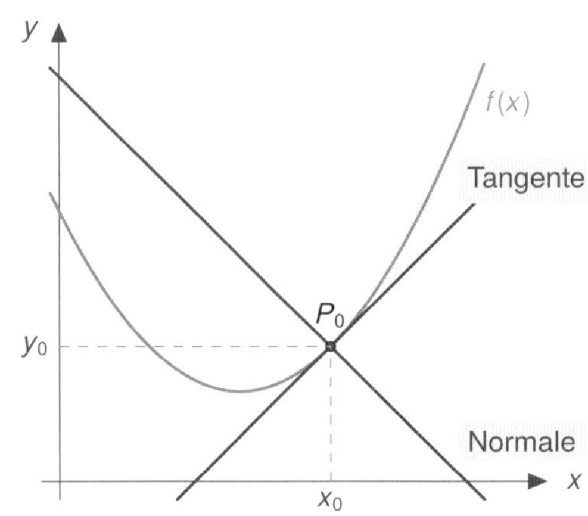

1. Allgemeine Geradengleichung gesucht: $y = m \cdot x + b$
2. Ableitung $f'(x)$ und Steigung der Tangente m_{tan} bestimmen, hier $f'(1) = 6 = m_{\text{tan}}$
3. Steigung der Normalen bestimmen, hier $m_{\text{norm}} = -1/m_{\text{tan}} = -1/6$
4. für b: m_{norm} und $P(1|4)$ in Geradengleichung einsetzen

Für unser Beispiel folgt: $y = m \cdot x + b \;\Rightarrow\; 4 = -\frac{1}{6} \cdot 1 + b \;\Leftrightarrow\; b = \frac{25}{6}$.
Die gesuchte Normalengleichung lautet $y = -\frac{1}{6}x + \frac{25}{6}$.
Wichtig: Es muss immer $m_{\text{tan}} \cdot m_{\text{norm}} = -1$ gelten!

6 Kurvendiskussion

Übersicht über geometrische Eigenschaften, die bei einer Funktion untersucht werden sollten:

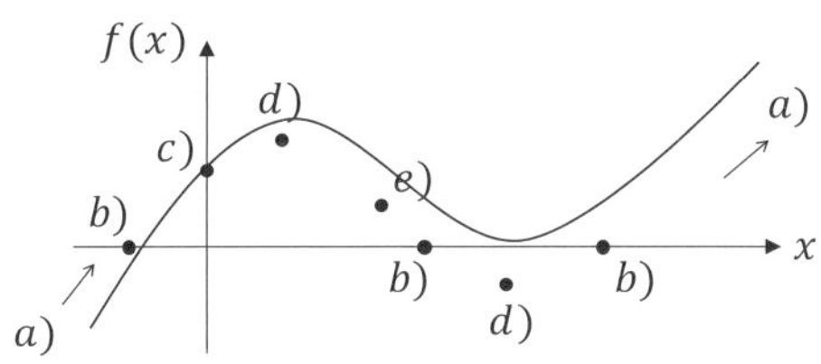

a) Grenzverhalten

b) Nullstellen

c) Schnittpunkt y-Achse

d) Extrempunkte (HP und TP)

e) Wendepunkte (WP)

Zusatz:

- Definitionsbereich
- Wertebereich
- Symmetrie
- Skizze (grob)
- Zeichnung (genau)

Übersicht

6.1 Grenzverhalten (limes)

Beim Grenzverhalten schauen wir, wie sich der Graph einer Funktion im Unendlichen verhält.

Einstieg

- „Wo kommt der Graph her?“ $\Rightarrow \lim\limits_{x \to -\infty}$ „ich schaue links“
  - Tipp: hohe negative Zahl für x in TR einsetzen um ein Gefühl zu bekommen
- „Wo geht der Graph hin?"$\Rightarrow \lim\limits_{x \to +\infty}$ „ich schaue rechts“
  - Tipp: hohe positive Zahl für x in TR einsetzen um ein Gefühl zu bekommen

Schauen wir uns einmal folgende Funktion an: $f(x) = a \cdot x^n$. Zur Beurteilung des Verhaltens wird immer die **höchste Potenz** n von x und ihren Koeffizienten a betrachtet:

- n gerade und $a > 0$: $f(x) \to +\infty$ für $x \to \pm\infty$.
- n gerade und $a < 0$: $f(x) \to -\infty$ für $x \to \pm\infty$.
- n ungerade und $a > 0$: $f(x) \to +\infty$ für $x \to +\infty$ und $f(x) \to -\infty$ für $x \to -\infty$.
- n ungerade und $a < 0$: $f(x) \to -\infty$ für $x \to +\infty$ und $f(x) \to +\infty$ für $x \to -\infty$.

e-Funktion

Exponentialfunktionen und ihre Graphen werden auf dieselbe Weise untersucht wie ganzrationale Funktionen. Nur das Verhalten einer Exponentialfunktion für $x \to +\infty$ und für $x \to -\infty$ wird durch andere Regeln beherrscht.

- Für $x \to +\infty$ strebt $e^x \to +\infty$.
- Für $x \to -\infty$ strebt $e^x \to 0$, d.h. die x-Achse ist die Asymptote des Graphen von f mit $f(x) = e^x$.

Darüber hinaus gilt für $n \geq 1$:

- Für $x \to +\infty$ strebt $x^n \cdot e^x \to +\infty$.
- Für $x \to -\infty$ strebt $x^n \cdot e^x \to 0$, d.h. die x-Achse ist die Asymptote des Graphen von f mit $f(x) = x^n \cdot e^x$.

Beispiel

Beispiel $f(x) = (x^2 - 1)e^{-2x}$

$$\lim_{x \to +\infty} \underbrace{(x^2-1)}_{\to +\infty} \cdot \underbrace{e^{-2x}}_{\to 0} \to 0 \quad \text{und} \quad \lim_{x \to -\infty} \underbrace{(x^2-1)}_{\to +\infty} \cdot \underbrace{e^{-2x}}_{\to +\infty} \to +\infty$$

Merkt euch: Bei der Betrachtung des Grenzverhaltens orientieren wir uns an der e-Funktion - die am stärksten wachsende Funktion.

Betrachten wir den Graph von $f(x) = (x^2 - 1)e^{-2x}$, bestätigt sich unsere Grenzwertberechnung.

- Lassen wir x gegen $-\infty$ laufen, strebt die Funktion gegen $+\infty$
- Lassen wir x gegen ∞ laufen, strebt die Funktion gegen 0, somit ist die x-Achse Asymptote

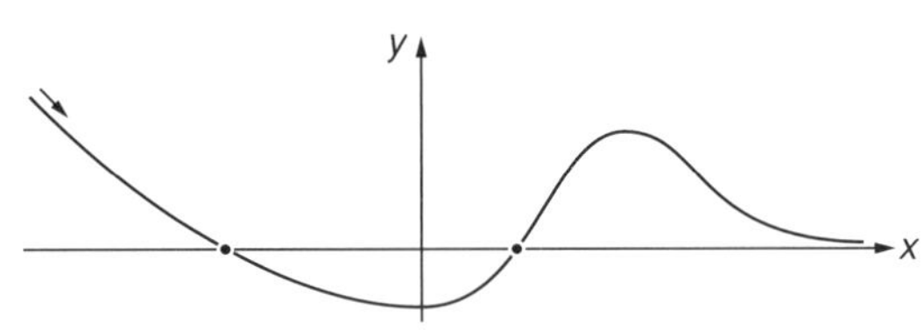

6.2 Symmetrie

Betrachten wir die Symmetrie von ganzrationalen Funktionen. Kommen in der Funktion nur *gerade Exponenten* vor, wie z.B. bei

$$f(x) = x^4 - 2x^2 - 4$$

dann ist die Funktion *achsensymmetrisch* zur y-Achse! Wir können die Achsensymmetrie zur y-Achse auch rechnerisch zeigen. Es gilt

$$\begin{aligned} f(-x) &= f(x) \\ (-x)^4 - 2 \cdot (-x)^2 - 4 &= x^4 - 2x^2 - 4 \\ x^4 - 2x^2 - 4 &= x^4 - 2x^2 - 4 \quad \checkmark \end{aligned}$$

Kommen in der Funktion nur *ungerade Exponenten* vor, wie z.B. bei

$$f(x) = 2x^3 - 4x$$

dann ist die Funktion *punktsymmetrisch* zum Ursprung. Wir können die Punktsymmetrie zum Ursprung auch rechnerisch zeigen. Es gilt

$$\begin{aligned} f(-x) &= -f(x) \\ 2\cdot(-x)^3 - 4\cdot(-x) &= -(2x^3 - 4x) \\ -2x^3 + 4x &= -2x^3 + 4x \quad \checkmark \end{aligned}$$

Eine Funktion $f(x)$ ist zu einer zweiten Funktion $g(x)$ achsensymmetrisch bzgl. der x-Achse, wenn gilt: $f(x) = -g(x)$.

Symmetrie

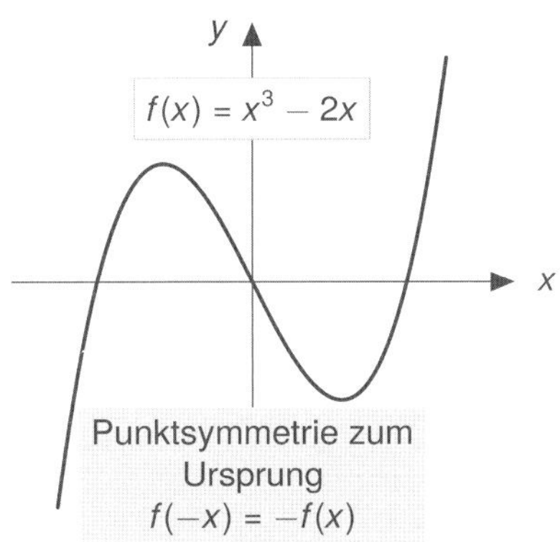

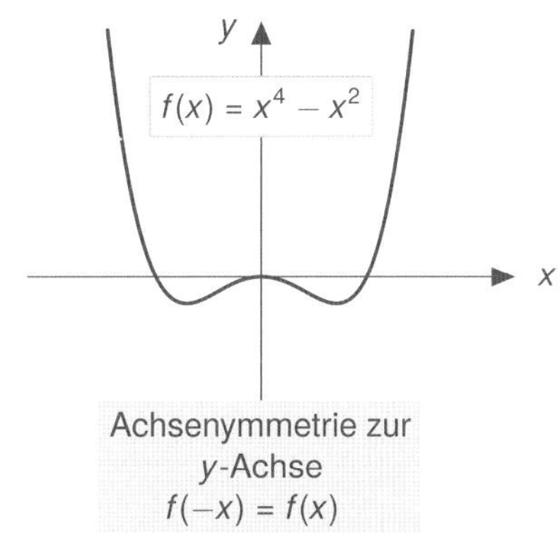

Wir können auch die Punktsymmetrie zu einem beliebigen Punkt bzw. die Achsensymmetrie zu einer beliebigen Achse nachweisen:

$$f(x_0 + h) - y_0 = -f(x_o - h) + y_0 \quad \text{bzw.} \quad f(x_0 + h) = f(x_0 - h)$$

e-Funktion

Symmetrie bei *e*-Funktion

Ist $f(x) = x^2 \cdot e^{-x^2}$ achsensymmetrisch zur y-Achse? Dann müsste gelten:

$$\begin{aligned} f(-x) &= f(x) \\ (-x)^2 \cdot e^{-(-x)^2} &= x^2 \cdot e^{-x^2} \\ x^2 \cdot e^{-x^2} &= x^2 \cdot e^{-x^2} \quad \checkmark \end{aligned}$$

Ist $f(x) = -10x \cdot e^{x^2}$ punktsymmetrisch zum Ursprung? Dann müsste gelten:

$$\begin{aligned} f(-x) &= -f(x) \\ -10\cdot(-x)\cdot e^{(-x)^2} &= -\left(-10x \cdot e^{x^2}\right) \\ 10x \cdot e^{x^2} &= 10x \cdot e^{x^2} \quad \checkmark \end{aligned}$$

6.3 Achsenabschnitte

Hier werden die Achsenabschnitte

Achsen-abschnitte

- mit der y-Achse untersucht:

  Gegeben sei eine Funktion $f(x) = 2x^2 - 4x - 16$. Für den y-Achsenabschnitt setzen wir $x = 0$ in die Funktion ein

$$\begin{aligned} f(x) &= 2x^2 - 4x - 16 \\ f(0) &= 2\cdot 0^2 - 4\cdot 0 - 16 = -16 \end{aligned}$$

und wir erhalten mit $S_y(0|-16)$ den Schnittpunkt von Funktion und y-Achse. Hinweis: Passt bei Funktionen auf, bei denen 0 nicht im Definitionsbereich ist, denn dort dürfen wir 0 nicht einsetzen, z.B. $f(x) = 1/x$ oder $f(x) = \ln(x)$.

- mit der x-Achse untersucht:

  Der Schnittpunkt mit der x-Achse wird auch *Nullstelle* genannt. Hierfür setzen wir unsere gegebene Funktion $f(x) = 0$. Mit der Funktion von oben folgt für die Nullstellen:

$$\begin{aligned} f(x) &= 0 \\ 2x^2 - 4x - 16 &= 0 \qquad |:2\text{ , dann } pq\text{ -Formel} \\ x_1 = -2 &\wedge x_2 = 4 \end{aligned}$$

Einschub Intervallschreibweise

Schreibweise	Mengenschreibweise	Typ
$[a,b]$	$\{x \in \mathbb{R} \mid a \leq x \leq b\}$	geschlossen
$[a,b)$	$\{x \in \mathbb{R} \mid a \leq x < b\}$	halb-offen
$(a,b]$	$\{x \in \mathbb{R} \mid a < x \leq b\}$	halb-offen
(a,b)	$\{x \in \mathbb{R} \mid a < x < b\}$	offen

Intervall-schreibweise

Die Intervallschreibweise ist eine abkürzende Schreibweise und wird oft beim Definitions- und Wertebereich verwendet. Das Intervall gibt an, in welchem Bereich sich unser x befindet. Zum Beispiel können wir $2 \leq x < 4$ abkürzend als $[2;4)$ schreiben.

6.4 Definitionsbereich

Was darf für x eingesetzt werden?

Bsp. rationale Funktion

Die Bestimmung des Definitionsbereichs ist sehr wichtig. Auch wenn es in der Aufgabenstellung nicht explizit gefordert ist, sollten wir uns immer vergewissern, welche x-Werte überhaupt in die Funktion $f(x)$ eingesetzt werden dürfen. Wenn der Definitionsbereich schon vorgegeben ist, müsst ihr diesen verwenden.

> Die **3 Warnschilder** bei der Bestimmung des maximalen Definitionsbereiches:
>
> 1. $\frac{1}{\text{etwas}}$ verlangt etwas $\neq 0$
> 2. $\sqrt{\text{etwas}}$ verlangt etwas ≥ 0
> 3. $\ln(\text{etwas})$ verlangt etwas > 0
>
> Beachte: Der Definitionsbereich D kann sich beim Ableiten verändern!

Beispiel Bestimme den maximalen Definitionsbereich der Funktion $f(x) = \frac{\sqrt{x^2}}{\ln(2-x)}$.

Zufälligerweise kommen in der Funktion Logarithmus, Bruch und Wurzel vor! Alarmglocken gehen an. Alle drei Bedingungen von oben werden geprüft.

$$\begin{aligned} &1.\quad \tfrac{1}{\text{etwas}} \text{ verlangt etwas} \neq 0 &\Rightarrow\quad \ln(2-x) &\neq 0 &&|e^{\wedge} \\ &&\Leftrightarrow\quad 2-x &\neq e^0 && \\ &&\Leftrightarrow\quad 2-x &\neq 1 &&|+x\ -1 \\ &&\Leftrightarrow\quad x &\neq 1 && \end{aligned}$$

Wir wissen jetzt schon mal, dass unser x nicht 1 sein darf. Weiter geht es mit Prüfung der Wurzel! Der Radikand (die Zahl unter der Wurzel) darf nie kleiner als Null sein.

$$2.\quad \sqrt{\text{etwas}} \quad \text{verlangt} \quad \text{etwas} \geq 0 \Rightarrow x^2 \geq 0$$

Egal was wir für x einsetzen, durch das x^2 kommt immer eine Zahl raus, die größer oder gleich 0 ist. Wir dürfen also für x alle Zahlen von - bis + Unendlich einsetzen. Abschließend folgt die Prüfung des Logarithmus.

$$\begin{aligned} &3.\quad \ln(\text{etwas}) \text{ verlangt etwas} > 0 &\Rightarrow\quad 2-x &> 0 &&|+x \\ &&\Leftrightarrow\quad 2 &> x && \end{aligned}$$

Für den Definitionsbereich von $f(x)$ müssen alle Bedingungen, die geprüft wurden, erfüllt sein. Welche x-Werte erfüllen alle 3 Bedingungen? Am einfachsten kann man sich das am Zahlenstrahl klar machen.

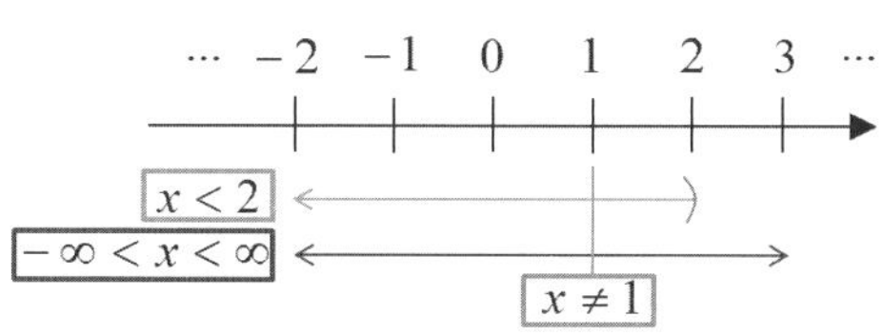

Der maximale Definitionsbereich für die Funktion $f(x)$ lautet demnach

$$D_f = \underbrace{(-\infty, 1) \cup (1{,}2)}_{\text{Intervallschreibweise}} = \{x \in \mathbb{R} | x < 1 \vee 1 < x < 2\}.$$

6.5 Wertebereich

Der Wertebereich W ist die Menge von y-Werten, die rauskommt, wenn jedes mögliche x in die Funktion $f(x)$ eingesetzt wird. Anders gesagt: Alles was für y rauskommen kann! Betrachten wir den Wertebereich des nebenstehenden Graphen:

$$W = [-8; \infty)$$

Hierbei ist -8 der niedrigste y-Wert, der erreicht wird.

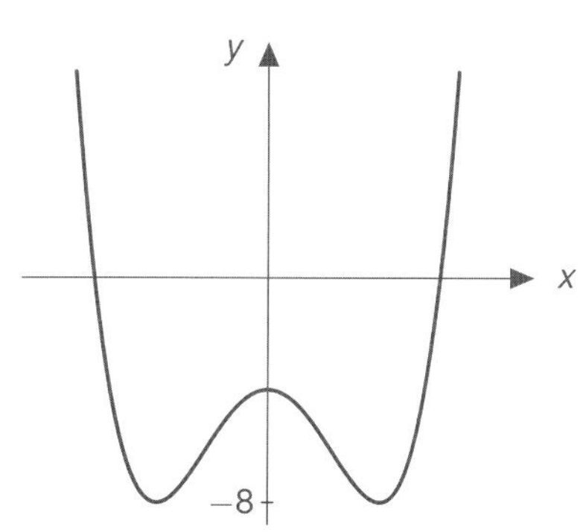

Was darf für y rauskommen?

Nach oben gibt es jedoch keine Begrenzung. Es kann jeder positive y-Wert angenommen werden! Nach dem Wertebereich wird selten bis nie gefragt. Wichtig ist bei Anwendungsaufgaben den Blick für *Höhen/Tiefen* zu haben!

6.6 Extrempunkte

1. Notwendige Bedingung: $f'(x) = 0 \Rightarrow$ wir erhalten potentielle Extremstellen, die wir mit x_E bezeichnen!
2. Hinreichende Bedingung: $f'(x_E) = 0$ und $f''(x_E) \neq 0$

   Für $f''(x_E)$ kann folgendes rauskommen:

   - $f''(x_E) < 0$ Hochpunkt (HP)
   - $f''(x_E) = 0$ Sattelpunkt (SP), für SP muss zudem $f'''(x_E) \neq 0$ sein!
   - $f''(x_E) > 0$ Tiefpunkt (TP)
3. y-Wert der Extremstelle: x_E-Wert in $f(x)$ einsetzen $\Rightarrow E(x_E/f(x_E))$

Achtung: Es muss zwischen lokalen und globalen (oder absoluten) Extremstellen unterschieden werden! Stichwort: *Randwerte* = Grenzen des Definitionsbereiches! Randwerte in $f(x)$ einsetzen und das Ergebnis mit dem y-Wert vom Extrempunkt vergleichen! In der Abbildung sieht man, dass der höchste Punkt bei $x = 10$ liegt und nicht beim errechneten Hochpunkt!

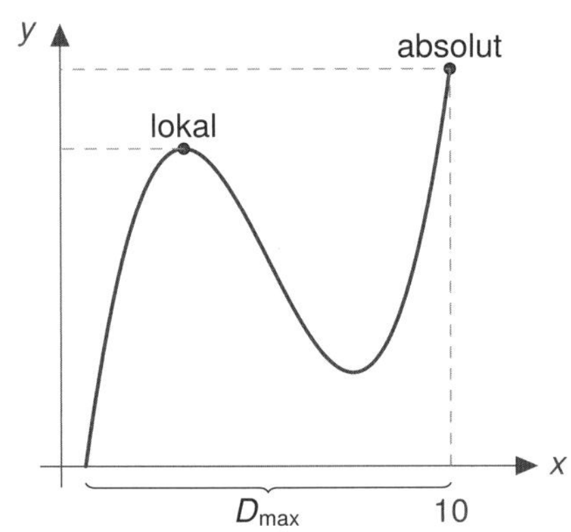

Bei vorgegebenem Intervall immer die Randwerte mit überprüfen!

Extrempunkte mit 2. Abl.

Extrempunkte mit VZWK

Beispiel Untersuche die Funktion $f(x) = \frac{2}{3}x^3 + 3x^2 + 4x$ mit $D = \mathbb{R}$ auf Extremstellen.

1. Erste Ableitung bilden und gleich Null setzen: $f'(x) = 2x^2 + 6x + 4 = 0$ liefert die möglichen Extremstellen $x_1 = -2$ und $x_2 = -1$.
2. Zweite Ableitung bilden und Extremstellen einsetzen: $f''(x) = 4x + 6$

$$f''(-2) = -2 < 0 \Rightarrow \text{Hochpunkt an der Stelle } x = -2$$
$$f''(-1) = 2 > 0 \Rightarrow \text{Tiefpunkt an der Stelle } x = -1$$

3. y-Wert des Hoch- und Tiefpunktes berechnen:

$$y = f(-2) = -\frac{4}{3} \quad \text{und} \quad y = f(-1) = -\frac{5}{3}$$

Die Funktion $f(x)$ besitzt einen Hochpunkt bei $(-2| - 4/3)$ und einen Tiefpunkt bei $(-1| - 5/3)$.

6.7 Wendepunkte

1. Notwendige Bedingung: $f''(x) = 0 \Rightarrow$ wir erhalten potentielle Wendestellen, die wir mit x_W bezeichnen!
2. Hinreichende Bedingung: $f''(x_W) = 0$ und $f'''(x_W) \neq 0$. Für $f'''(x_W)$ kann rauskommen:
   - $f'''(x_W) < 0$ Links-rechts-Wendestelle
   - $f'''(x_W) > 0$ Rechts-links-Wendestelle
3. y-Wert der Wendestelle: x_W-Wert in $f(x)$ einsetzen $\Rightarrow W(x_W/f(x_W))$

Graphisch betrachtet handelt es sich bei einem Wendepunkt um einen Punkt, an dem der Funktionsgraph sein Krümmungsverhalten ändert und die größte Steigung hat. Er wechselt an dieser Stelle entweder von einer Rechts- in eine Linkskurve oder umgekehrt. Hinweise, wann man den Wendepunkt berechnen soll sind, wenn

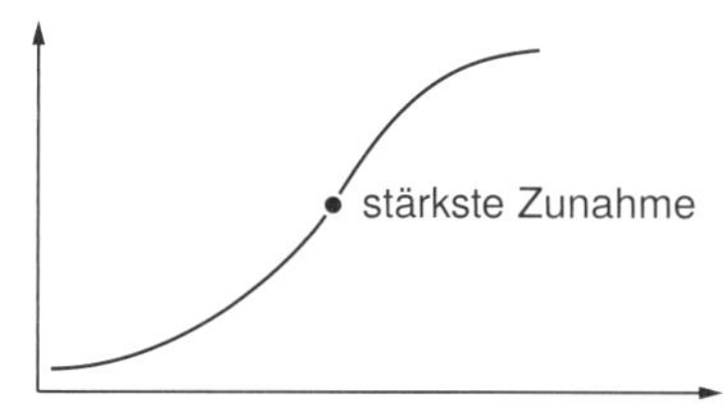

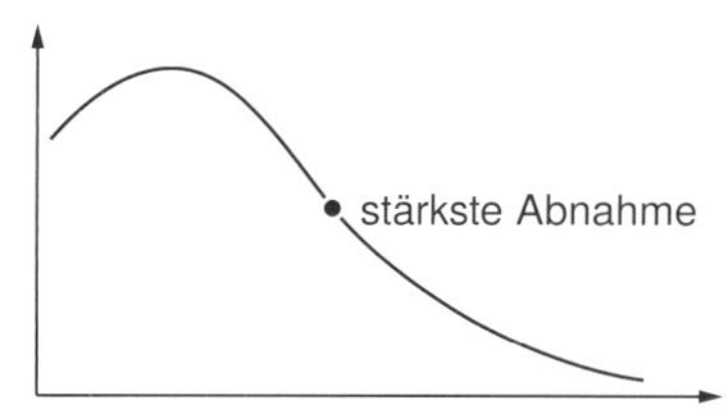

- nach der *stärksten Zunahme* vom Graph
- nach der *stärksten Abnahme* vom Graph

gefragt ist.

Schaut euch unbedingt den Abschnitt „Zusammenhang Weg, Geschwindigkeit und Beschleunigung“ in Kap. 2.4 an. Wenn $f(x)$ schon die Geschwindigkeit angibt und nach der größten Geschwindigkeit gefragt wird, dann benötigt man den Hochpunkt! Wenn $f(x)$ die Höhe beschreibt und nach der stärksten Zunahme gefragt wird, benötigt man den Wendepunkt. Auch hier wieder der Hinweis mit den Randwerten! Es sollten bei einem vorgegeben Intervall Randwerte und x_W in die 1. Ableitung eingesetzt werden, wenn nach der größten Steigung des Graphen gefragt ist. Das, was jeweils raus kommt (die Änderung/Zunahme bei positivem Wert oder Abnahme bei negativem Wert) mit den errechneten Wendestellen vergleichen.

Beispiel Untersuche die Funktion $f(x) = \frac{2}{3}x^3 + 3x^2 + 4x$ mit $D = \mathbb{R}$ auf Wendestellen.

Wendepunkte

1. Zweite Ableitung bilden und gleich Null setzen: $f''(x) = 4x + 6 = 0$ liefert die mögliche Wendestelle $x = -1{,}5$.
2. Dritte Ableitung bilden und Wendestellen einsetzen: $f'''(x) = 4 \neq 0$. Da in der dritten Ableitung kein x vorkommt, sind wir hier fertig, denn die dritte Ableitung ist immer ungleich Null! Es liegt ein Rechts-links Wendepunkt vor.
3. y-Wert des Wendepunktes berechnen: $y = f(-1{,}5) = -1{,}5$.
   Die Funktion $f(x)$ besitzt einen Wendepunkt bei $(-1{,}5| -1{,}5)$.

6.8 Monotonie

Zur Beurteilung des Monotonieverhaltens (Steigungsverhaltens) einer Funktion $f(x)$ kann die Ableitung $f'(x)$ betrachtet werden. Bekanntlich liefert die erste Ableitung einer Funktion $f(x)$ die Stei-

Monotonie

mit 1. Ableitung

gungsfunktion $f'(x)$, welche an jeder Stelle x beschreibt, ob der Graph gerade steigt (↗) oder fällt (↘). Damit lässt sich der *Monotoniesatz* wie folgt formulieren:

$f'(x) \geq 0 \quad \Rightarrow \quad f(x)$ ist monoton wachsend/steigend

$f'(x) \leq 0 \quad \Rightarrow \quad f(x)$ ist monoton fallend

$f'(x) > 0 \quad \Rightarrow \quad f(x)$ ist streng monoton wachsend/steigend

$f'(x) < 0 \quad \Rightarrow \quad f(x)$ ist streng monoton fallend

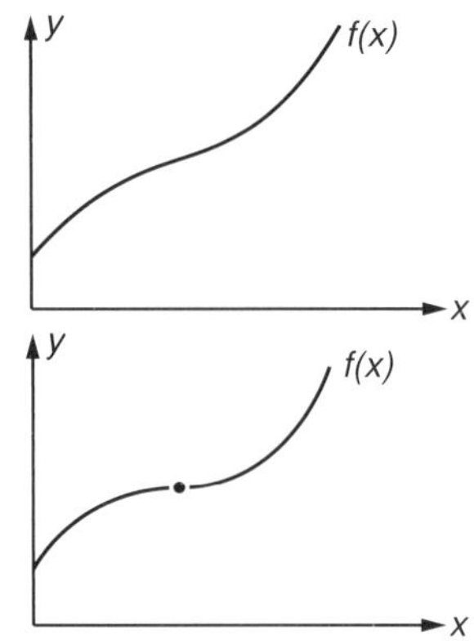

Streng monoton bedeutet hierbei, dass die Steigungsfunktion $f'(x)$ an keiner Stelle x den Wert 0 annimmt!

Das Ganze soll euch anhand des folgenden **Beispiels** klar werden. Die Funktion

$$f(x) = \frac{1}{9}x^3 - \frac{1}{3}x^2 - \frac{8}{3}x + \frac{26}{9}$$

soll mit Hilfe der ersten Ableitung auf ihr Monotonieverhalten untersucht werden:

1. Ableitung $f'(x)$ bilden, $f'(x) = 0$ setzen und Nullstellen der Ableitungsfunktion bestimmen, hier: $x = -2$ und $x = 4$.

2. Überprüfung, ob Werte der Ableitungsfunktion größer oder kleiner als 0 sind! Dazu setzen wir Werte, die links und rechts von den Nullstellen liegen, in die Ableitungsfunktion ein. So kann ein eventueller Vorzeichenwechsel, der auf eine Änderung der Steigung hinweist, schnell entdeckt werden. Für unser Beispiel: $f'(-3)$; $f'(0)$; $f'(5)$. Man kann aber auch andere Werte einsetzen, jedoch nicht die Nullstellen!

6.9 Krümmung

Übersicht

Zusammenhang

Zur Beurteilung der Krümmung wird häufig häufig die zweite Ableitung verwendet. Es gilt:

$f''(x) > 0 \quad \Rightarrow \quad f(x)$ ist links gekrümmt bzw. konvex $\cup$

$f''(x) < 0 \quad \Rightarrow \quad f(x)$ ist rechts gekrümmt bzw. konkav $\cap$

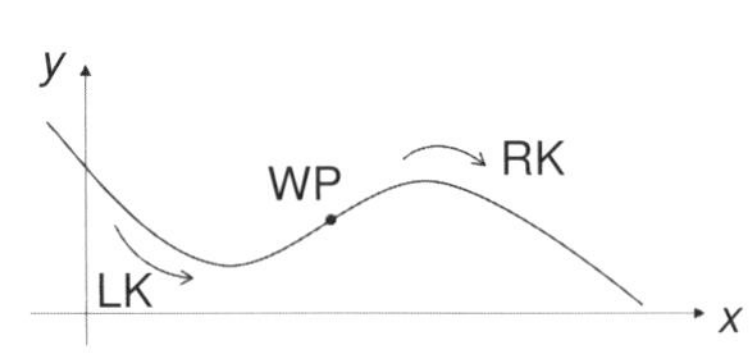

Das ganze soll euch anhand des folgenden **Beispiels** klar werden. Die Funktion

$$f(x) = x^2, \quad x \in \mathbb{R}$$

soll mit Hilfe der zweiten Ableitung auf ihr Krümmungsverhalten untersucht werden. Wir bilden zunächst die zweite Ableitung

$$f'(x) = 2x \quad \Rightarrow \quad f''(x) = 2 > 0$$

und sehen, dass die zweite Ableitung stets größer als 0 und damit linksgekrümmt bzw. konvex ist.

7 Lineare Gleichungssysteme

Weißt du noch was eine lineare Gleichung ist? Dabei handelt es sich um eine Gleichung ersten Grades, d.h. die Variable x kommt in keiner höheren als der ersten Potenz vor. Die Parameter a und b können reelle Zahlen annehmen, wobei $a \neq 0$ gilt.

Die allgemeine Form einer linearen Gleichung lautet:

$$ax + b = 0$$

Von einer linearen Gleichung zum Gleichungssystem

Als lineares Gleichungssystem bezeichnet man ein System linearer Gleichungen, die mehrere Unbekannte ("Variablen") enthalten. Schauen wir uns dazu ein kleines Beispiel an:

$$\begin{aligned} 3x_1 + 4x_2 &= -1 \\ 2x_1 + 5x_2 &= 3 \end{aligned}$$

Der Unterschied zwischen einer linearen Gleichung und einem linearen Gleichungssystem ist das Vorhandensein mehrerer Gleichungen und mehrerer Unbekannten. Im Zusammenhang mit **L**inearen **G**leichungs-**S**ystemen wird auch oft die Abkürzung „LGS“ verwendet.

Allgemeine Form:

$$\begin{aligned} a_{11}x_1 + a_{12}x_2 + \cdots + a_{1n}x_n &= b_1 \\ a_{21}x_1 + a_{22}x_2 + \cdots + a_{2n}x_n &= b_2 \\ \vdots \quad\quad \vdots \quad\quad\quad \vdots \\ a_{m1}x_1 + a_{m2}x_2 + \cdots + a_{mn}x_n &= b_m \end{aligned}$$

Beispiel:

$$\begin{aligned} 3x_1 - 2x_2 + 2x_3 &= 1 \\ -2x_1 + 5x_2 - 6x_3 &= 0 \\ 4x_1 + 3x_2 - 2x_3 &= 3 \end{aligned}$$

Gleichungssysteme mit m Gleichungen und n Unbekannten können folgendermaßen kategorisiert werden:

- Quadratisches Gleichungssystem $m = n$, z.B. 3 Gleichungen und 3 Unbekannte
- Unterbestimmtes Gleichungssystem $m < n$, z.B. 2 Gleichungen und 3 Unbekannte
- Überbestimmtes Gleichungssystem $m > n$, z.B. 3 Gleichungen und 2 Unbekannte

Bei dem Thema lineare Gleichungssysteme geht es hauptsächlich darum diese zu lösen. Dazu bedient man sich sog. Lösungsverfahren, die uns bei der Ermittlung der Lösung helfen sollen. In der Schule wird in der Regel mit folgenden Verfahren gearbeitet:

- Additionsverfahren
- Einsetzungsverfahren
- Gleichsetzungsverfahren

Jedes Verfahren kann zum Lösen von Gleichungssystemen genutzt werden. Jedoch ist das Additionsverfahren das Wichtigste, da für lineare Gleichungssysteme mit drei oder mehr Variablen systematische Lösungsverfahren genutzt werden sollten. Hier ist insbesondere das Gauß-Verfahren zu nennen, das auf dem Additionsverfahren beruht.

Es werden **3 Fälle** für die Lösungen von Gleichungssystemen unterschieden:

(i) eine **eindeutige Lösung**, wenn z.B. als Lösung $x_1 = 5, x_2 = 4$ herauskommt

(ii) **keine Lösung**, wenn z.B. als Lösung $3 = 4$ eine falsche Aussage herauskommt.

(iii) **unendlich viele Lösungen**, wenn z.B. als Lösung $0 = 0$ eine allgemeingültige Aussage herauskommt

7.1 Einsetzungsverfahren

1. Auflösen einer Gleichung nach einer Variablen.
2. Diesen Term in die andere Gleichung einsetzen.
3. Auflösen der so entstandenen Gleichung nach der enthaltenen Variablen.
4. Einsetzen der Lösung in die Gleichung, die im 1. Schritt berechnet wurde, mit anschließender Berechnung der Variablen.

Teil 1

Teil 2

Beispiel für ein quadratisches Gleichungssystem mit 2 Gleichungen und 2 Unbekannten:

$$\begin{array}{lrcll} \text{I} & 2x_1 + 3x_2 & = & 12 & \\ \text{II} & x_1 - x_2 & = & 1 & \mid + x_2 \end{array}$$

Gleichung II nach x_1 umformen: $x_1 = x_2 + 1$. Nun x_1 in Gleichung I einsetzen und nach der Unbekannten x_2 auflösen.

$$\begin{array}{lrll} & 2 \cdot \overbrace{(x_2 + 1)}^{=x_1} + 3x_2 & = 12 & \mid \text{zusammenfassen} \\ \Leftrightarrow & 5x_2 + 2 & = 12 & \mid -2 \\ \Leftrightarrow & 5x_2 & = 10 & \mid :5 \\ \Leftrightarrow & x_2 & = 2 & \end{array}$$

Die Lösung $x_2 = 2$ in die umgeformte Gleichung $x_1 = x_2 + 1$ aus dem ersten Schritt einsetzen und so die andere Variable berechnen. Es folgt $x_1 = x_2 + 1 = 2 + 1 = 3$.

7.2 Gleichsetzungsverfahren

1. Auflösen beider Gleichungen nach der gleichen Variablen.
2. Gleichsetzen der anderen Seiten der Gleichung.
3. Auflösen der so entstandenen Gleichung nach der enthaltenen Variablen.
4. Einsetzen der Lösung in eine der umgeformten Gleichungen aus Schritt 1 mit anschließender Berechnung der Variablen.

Beispiel für ein quadratisches Gleichungssystem mit 2 Gleichungen und 2 Unbekannten:

$$\begin{aligned} \text{I} \quad 2x_1 + 3x_2 &= 12 \\ \text{II} \quad x_1 - x_2 &= 1 \end{aligned}$$

Beide Gleichungen nach der selben Variable umformen, z.B. x_1.

$$\begin{aligned} \text{Ia} \quad x_1 &= 6 - 1{,}5x_2 \\ \text{IIa} \quad x_1 &= x_2 + 1 \end{aligned}$$

Nun Gleichung Ia und IIa gleichsetzen, denn es gilt $x_1 = x_1$. Es folgt:

$$\underbrace{6 - 1{,}5x_2}_{=x_1} = \underbrace{x_2 + 1}_{=x_1}$$

Die entstandene Gleichung enthält nur noch die Unbekannte x_2. Durch Umformen erhalten wir:

$$\begin{aligned} 6 - 1{,}5x_2 &= x_2 + 1 \quad && | + 1{,}5x_2 - 1 \\ \Leftrightarrow \quad 5 &= 2{,}5x_2 \quad && | : 2{,}5 \\ \Leftrightarrow \quad 2 &= x_2 \end{aligned}$$

Abschließend noch die Lösung in eine der umgeformten Gleichungen aus dem ersten Schritt (also in Ia oder IIa) einsetzen und die andere Variable berechnen. Wir setzen $x_2 = 2$ in IIa ein und erhalten: $x_1 = x_1 + 1 = 2 + 1 = 3$.

7.3 Additionsverfahren

1. Entscheide, welche Unbekannte du eliminieren willst.
2. Überlege, was du tun musst, damit die Unbekannte wegfällt.
3. Berechne die Unbekannten.

Beispiel für ein quadratisches Gleichungssystem mit 2 Gleichungen und 2 Unbekannten:

$$\begin{aligned} \text{I} \quad 2x_1 + 3x_2 &= 12 \\ \text{II} \quad x_1 - x_2 &= 1 \end{aligned}$$

Entscheide, welche Unbekannte eliminiert werden soll!

- Möglichkeit 1: x_1 eliminieren, indem wir I$-2\cdot$II rechnen.
- Möglichkeit 2: x_2 eliminieren, indem wir I+3·II rechnen.

Hier zeigen wir euch Möglichkeit 1:

$$\begin{array}{lrl}
\text{I} & 2x_1+3x_2 & =12 \\
\text{II} & x_1-x_2 & =1 \quad |\cdot(-2)
\end{array}$$

$$\begin{array}{lrl}
\text{I} & 2x_1+3x_2 & =12 \\
\text{IIa} & -2x_1+2x_2 & =-2 \quad |\text{I}+\text{IIa}
\end{array}$$

$$\begin{array}{lrl}
\text{I} & 2x_1+3x_2 & =12 \\
\text{IIb} & 5x_2 & =10 \quad \Rightarrow x_2=2
\end{array}$$

Zuletzt setzen wir $x_2 = 2$ in eine der beiden ursprünglichen Zeilen (also I oder II) ein, um x_1 zu berechnen. Wir setzen in II ein und erhalten:

$$\begin{array}{lrl}
 & x_1-x_2 & =1 \quad \text{mit } x_2=2 \\
\Rightarrow & x_1-2 & =1 \quad |+2 \\
\Leftrightarrow & x_1 & =3
\end{array}$$

7.4 Gauß-Algorithmus

Gegeben sei das Gleichungssystem

$$\begin{array}{lrl}
\text{I} & x_1-x_2+2x_3 & =0 \\
\text{II} & -2x_1+x_2-6x_3 & =0 \\
\text{III} & x_1-2x_3 & =3
\end{array}$$

Unter dem „Lösen linearer Gleichungssysteme“ verstehen wir die Berechnung von Unbekannten - in diesem Fall von x_1, x_2 und x_3. Da zum Lösen eines Gleichungssystems meist mehrere Schritte notwendig sind, wird es irgendwann lästig, bei jedem Schritt das ganze Gleichungssystem nochmal abzuschreiben. Aus diesem Grund lassen wir die Unbekannten (x_1,x_2,x_3) weg und schreiben nur die Koeffizienten auf.

Statt

$$\begin{array}{lrl}
\text{I} & x_1-x_2+2x_3 & =0 \\
\text{II} & -2x_1+x_2-6x_3 & =0 \\
\text{III} & x_1-2x_3 & =3
\end{array}$$

schreiben wir

x_1	x_2	x_3	$r.S.$
1	−1	2	0
−2	1	−6	0
1	0	−2	3

Dabei steht „$r.S.$“ für die rechte Seite des Gleichungssystems, also der Teil rechts von dem Gleichheitszeichen. Wir erhalten die Koeffizientenschreibweise des LGS.

Ziel des Gauß-Algorithmus ist es, mit Hilfe von zeilenweisen Umformungen (dazu gleich mehr) unter der Hauptdiagonalen Nullen zu erzeugen. Was zunächst sehr abstrakt klingt, ist eigentlich gar nicht so schwierig. Nach einigen Umformungen sieht das Gleichungssystem so aus:

x_1	x_2	x_3	$r.S.$
1	−1	2	0
0	−1	−2	0
0	0	−6	3

Doch was hat uns diese Umformung gebracht? Erst wenn wir wieder unsere Unbekannten einfügen, wird deutlich, was uns diese Nullen bringen:

$$\begin{array}{lrcl} \text{I} & x_1 - x_2 + 2x_3 & = & 0 \\ \text{II} & -x_2 - 2x_3 & = & 0 \\ \text{III} & -6x_3 & = & 3 \end{array}$$

Ist das Gleichungssystem so umgeformt, dass unter der Hauptdiagonalen nur noch Nullen sind, kann man die Unbekannten ganz leicht berechnen.

Wie komme ich aber auf die Nullen? Um die Nullen zu berechnen, darf man Zeilen

- vertauschen
- mit einer Zahl multiplizieren
- durch eine Zahl dividieren
- addieren
- subtrahieren

Hier die schrittweise Lösung unseres Beispiels: Um in der 3. Zeile und in der 1. Spalte die Null zu erhalten, betrachten wir zunächst unser Ausgangsgleichungssystem.

1	−1	2	0
−2	1	−6	0
1	0	−2	3

Scharfes Hinsehen verrät, dass wir von unserer dritten Zeile die erste Zeile abziehen können, um eine Null an der gewünschten Position zu erhalten. Ausführlich:

1	0	−2	3	3. Zeile
1	−1	2	0	1. Zeile
0	1	−4	3	3. Zeile - 1. Zeile = 3. Zeile*

Unser Gleichungssystem sieht nach dem ersten Schritt also wie folgt aus:

1	−1	2	0	1. Zeile
−2	1	−6	0	2. Zeile
0	1	−4	3	3. Zeile*

Das $*$ zeigt uns, das es sich um eine neue Zeile handelt. Um die Null in der 2. Zeile und 1. Spalte zu erhalten, addieren wir zu der 2. Zeile zweimal die 1. Zeile:

−2	1	−6	0	2. Zeile
2	−2	4	0	2· 1. Zeile
0	−1	−2	0	2. Zeile + 2· 1. Zeile = 2. Zeile*

Unser Gleichungssystem sieht nach dem zweiten Schritt also wie folgt aus:

1	−1	2	0	1. Zeile
0	−1	−2	0	2. Zeile*
0	1	−4	3	3. Zeile*

Um die Null in der 3. Zeile* und 2. Spalte zu erhalten, addieren wir zu der 3. Zeile* die 2. Zeile* und es folgt

1	−1	2	0	1. Zeile
	−1	−2	0	2. Zeile*
		−6	3	3. Zeile**

Da die Nullen unter der Hauptdiagonalen berechnet sind, haben wir unser Ziel erreicht. Wie man jetzt die Unbekannten berechnet, wurde bereits oben erklärt.

Merke:

- Reihenfolge bei der Berechnung der Nullen spielt eine wichtige Rolle.
- Zuerst muss man die beiden Nullen in der ersten Spalte berechnen - welche der beiden Nullen man zuerst berechnet, ist jedoch egal. Anschließend berechnet man die verbleibende Null in der zweiten Spalte.
- Falls in der ersten Zeile (der ersten Spalte!) bereits eine Null vorliegt, lohnt es sich die Zeilen entsprechend zu vertauschen, um sich die Berechnung einer Null zu sparen.

8 Steckbriefaufgaben

Bei einer Steckbriefaufgabe werden bestimmte Eigenschaften eines Funktionsgraphen vorgegeben. Gesucht ist die Gleichung der Funktion, deren Graph die gewünschten Eigenschaften hat. Steckbriefaufgaben können nur als Text oder aus einem graphischen Zusammenhang, wo dann entsprechend die Bedingungen abgelesen werden müssen, auftreten!

Ablauf

1. Um welche Art von Funktion handelt es sich? An der Anzahl an Unbekannten sehen wir, wie viele Bedingungen aufgestellt werden müssen.
2. Ist eine Symmetrie vorhanden?
3. Wird eine Aussage über Punkte $f(x) = y$, die Steigung $f'(x) = m$, Extremstellen $f'(x) = 0$ oder Wendestellen $f''(x) = 0$ gemacht?
4. Alle Informationen in mathematische Gleichungen übersetzen.
5. LGS aufstellen und lösen.
6. Funktionsgleichung aufschreiben und Probe durchführen.

Beispiel Gesucht ist eine ganzrationale Funktion dritten Grades, deren Graph durch den Koordinatenursprung geht, bei $x = 1$ ein Minimum und im Punkt $W(2/3 \mid 2/27)$ einen Wendepunkt hat. Wir arbeiten hierfür unser obiges Schema ab.

weiteres Beispiel

1. Art der Funktion: Ein Polynom 3. Grades hat die allgemeine Form

$$f(x) = ax^3 + bx^2 + cx + d$$
$$f'(x) = 3ax^2 + 2bx + c$$
$$f''(x) = 6ax + 2b$$

Mit a, b, c und d liegen vier Unbekannte vor, die bestimmt werden müssen. Wir benötigen also 4 Bedingungen!

2. Aussage über Symmetrie nicht vorhanden.
3. Aus „der Graph geht durch den Koordinatenursprung" folgern wir: (I) $f(0) = 0$
   Minimum an der Stelle $x = 1$ bringt uns die Info: (II) $f'(1) = 0$
   Wendepunkt bei $W(2/3 \mid 2/27)$ bringt uns die Info: (III) $f''(2/3) = 0$ und (IV) $f(2/3) = 2/27$
4. Informationen in LGS aufstellen :

$$\begin{array}{lrl} \text{aus (I)} & a \cdot 0^3 + b \cdot 0^2 + c \cdot 0 + d & = 0 \qquad \Rightarrow d = 0 \\ \text{aus (IV)} & a \cdot (2/3)^3 + b \cdot (2/3)^2 + c \cdot (2/3) & = 2/27 \\ \text{aus (II)} & 3a \cdot 1^2 + 2b \cdot 1 + c & = 0 \\ \text{aus (III)} & 6a \cdot (2/3) + 2b & = 0 \end{array}$$

5. Das LGS, bestehend aus den Gleichungen (II)-(IV), anschließend lösen und wir erhalten für die gesuchten Parameter $a = 1$, $b = -2$, $c = 1$, und $d = 0$ sowie die gesuchte Funktion 3. Grades mit der Gleichung $f(x) = x^3 - 2x^2 + x$.

Hier einige Beispiele für **typische Bedingungen**:

...hat im Punkt (3|4)...	$f(3) = 4$
...geht durch den Ursprung...	$f(0) = 0$
...schneidet die x-Achse bei 5 ...	$f(5) = 0$
...hat bei $x = 3$ die Steigung $m = -1$...	$f'(3) = -1$
... ist bei $x = 4$ parallel zur Geraden $y = 2x + 3$...	$f'(4) = 2$
... schneidet die y-Achse bei 8	$f(0) = 8$
...hat einen Extrempunkt bei $E(0\|5)$...	$f(0) = 5, f'(0) = 0$
...berührt die x-Achse bei 5...	$f(5) = 0, f'(5) = 0$
...hat bei $x = -5$ einen Wendepunkt...	$f''(-5) = 0$
...seine Wendetangente bei $x = -2$...	$f''(-2) = 0$

e-Funktion

Bei Steckbriefaufgaben kann auch die e-Funktion gesucht sein. Denkt dabei einfach an die ganz normalen Schritte bei Steckbriefaufgaben. Eine allgemeine Funktion könnte die Form

$$f(x) = a \cdot e^{-kx}$$

aufweisen. Die Unbekannten a und k gilt es nun zu ermitteln. Daher muss die Aufgabenstellung zwei Bedingungen hergeben, um die Unbekannten bestimmen zu können. In unserem Beispiel soll die Funktion durch die Punkte $P(2|4)$ und $Q(5|200)$ gehen. Wir stellen somit das Gleichungssystem

$$\text{I} \quad 4 = a \cdot e^{-2k} \qquad \text{II} \quad 200 = a \cdot e^{-5k}$$

auf und lösen es nach den Unbekannten a und k auf. Eine Möglichkeit ist es, Gleichung I nach $a = 4 \cdot e^{2k}$ umzustellen und in II einzusetzen:

$$\begin{aligned} 200 &= 4 \cdot e^{2k} \cdot e^{-5k} && |\text{ Potenzgesetze} \\ \Leftrightarrow \quad 50 &= e^{-3k} && |\text{ logarithmieren} \\ \Leftrightarrow \quad \ln(50) &= -3k \end{aligned}$$

Wir erhalten dann für $k = -1{,}3$ und $a = 0{,}3$ und damit lautet die gesuchte Funktion $f(x) = 0{,}3 \cdot e^{-1{,}3 \cdot x}$. Ein einfacheres Beispiel wäre es, wenn die gesuchte Funktion die Form

$$f(x) = 4 \cdot e^{-kx}$$

aufweist und durch den Punkt $P(2|10)$ soll. Warum soll diese Aufgabe einfacher sein? Weil es nur eine Unbekannte k gibt und demnach nur eine Gleichung mit $10 = 4 \cdot e^{-2k}$ aufgestellt werden muss um k zu bestimmen.

9 Trassierungsaufgaben

Trassierung ist eine spezielle Form einer Steckbriefaufgabe. Diese Aufgabentypen verlangen in der Regel von uns, zwei Funktionen mit einer zusätzlichen Funktion zu verbinden. Hierfür müssen Bedingungen aufgestellt werden, um die gesuchte Funktion zu finden. Die Information *sprungfrei* bedeutet, dass es keine Lücken zwischen den Funktionen geben darf. Ist die Information *knickfrei* gegeben, ist die Steigung der Funktionen an den Verbindungspunkten P_1 und P_2 gleich. Weitere Begriffe, die im Zusammenhang mit Trassierung fallen, sind *ohne krümmungsruck* oder *krümmungsruckfrei*. Das bedeutet lediglich, dass die Krümmung am Übergangspunkt identisch sein soll. Für das nachfolgende Vorgehen soll f die gesuchte Funktion sein, die die bekannten Funktionen g und h miteinander verbinden soll.

Trassierung

Beispiel

1. Aufgabenstellung sorgfältig lesen - Welchen Grad soll die zu erstellende Funktion haben?
   - Treten nur die Begriffe sprungfrei und knickfrei auf, hat die gesuchte Funktion meist den Grad 3: $f(x) = ax^3 + bx^2 + cx + d$.
   - Tritt zusätzlich der Begriff krümmungsruckfrei auf, hat die gesuchte Funktion meist den Grad 5: $f(x) = ax^5 + bx^4 + cx^3 + dx^2 + ex + f$.
2. Aufstellen der allgemeinen Funktionsgleichung $f(x)$ sowie der 1. und, wenn krümmungsruckfrei verlangt wird, 2. Ableitung.
3. Bedingungen aufstellen:
   - sprungfrei („keine Lücke"): $g(x_1) = f(x_1)$ und $h(x_2) = f(x_2)$
   - knickfrei („selbe Steigung"): $g'(x_1) = f'(x_1)$ und $h'(x_2) = f'(x_2)$
   - krümmungsruckfrei („selbe Krümmung"): $g''(x_1) = f''(x_1)$ und $h''(x_2) = f''(x_2)$
4. Alle Informationen in mathematische Gleichungen übersetzen, LGS aufstellen und lösen.
5. Funktionsgleichung aufschreiben.

Schauen wir uns dazu ein **Beispiel** an, um das Prinzip zu verstehen. Gegeben seien die folgenden Funktionen auf ihren jeweils vorgegeben Definitionsbereichen

$$g(x) = -x^2 + 4, \quad D_g = [-2; 1] \quad \text{und} \quad h(x) = 1, \quad D_h = [3; 5].$$

Die beiden gegebenen Funktionen sollen sprung- und knickfrei miteinander verbunden werden. Wie das ganze am Ende aussehen soll, zeigt die nebenstehende Abbildung. Wir arbeiten das obige Vorgehen ab und vermuten aus der Aufgabenstellung, dass die Funktion den Grad 3 haben soll. Eine ganz allgemeine Funktion dritten Grades sieht so aus: $f(x) = ax^3+bx^2+cx+d$.

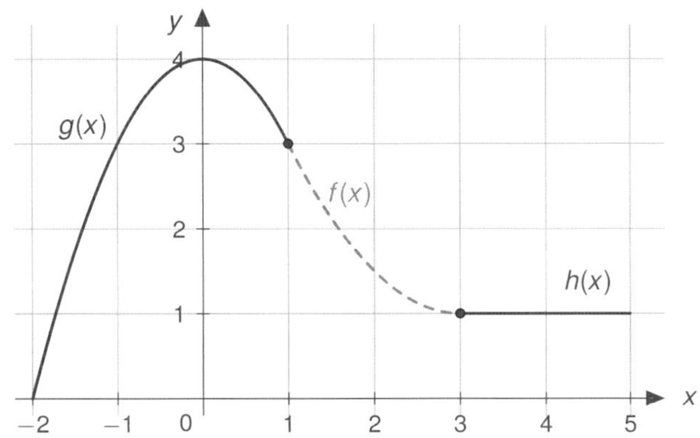

Es gilt also 4 Unbekannte zu bestimmen:
a, b, c und d.

Dazu benötigen wir 4 Bedingungen. Zunächst aber bilden wir für die Knickbedingung kurz die 1. Ableitung: $f'(x) = 3ax^2+2bx+c$. Die 2. Ableitung ist nicht notwendig, da keine Information bezüglich des Krümmungsrucks vorliegt. Jetzt stellen wir die Bedingungen auf:

I	sprungfrei:	$g(1) = f(1)$	$\Rightarrow$	$3 = a + b + c + d$
II	sprungfrei:	$h(3) = f(3)$	$\Rightarrow$	$1 = 27a + 9b + 3c + d$
III	knickfrei:	$g'(1) = f'(1)$	$\Rightarrow$	$-2 = 3a + 2b + c$
IV	knickfrei:	$h'(3) = f'(3)$	$\Rightarrow$	$0 = 27a + 6b + c$

Das Gleichungssystem, bestehend aus 4 Gleichungen, müssen wir jetzt mit den uns bekannten Verfahren oder dem Taschenrechner lösen. Für die gesuchten Parameter erhalten wir $a = 0$, $b = 1/2$, $c = -3$ und $d = 11/2$. Die gesuchte Funktionsgleichung lautet demnach

$$f(x) = \frac{1}{2}x^2 - 3x + \frac{11}{2}, \quad D_f = [1;3].$$

An dieser Stelle erweitern wir das obige **Beispiel** und nehmen an, dass die gesuchte Funktion zusätzlich krümmungsruckfrei sein soll. Die ersten 4 Bedingung können aus dem obigen Beispiel übernommen werden, allerdings ist die gesuchte Funktion nun 5. Grades:

$$f(x) = ax^5 + bx^4 + cx^3 + dx^2 + ex + f,$$
$$f'(x) = 5ax^4 + 4bx^3 + 3cx^2 + 2dx + e, \quad f''(x) = 20ax^3 + 12bx^2 + 6cx + 2d$$

Aufstellen der Bedingungen liefert das folgende LGS:

I	sprungfrei:	$g(1) = f(1)$	$\Rightarrow$	$3 = a+b+c+d+e+f$
II	sprungfrei:	$h(3) = f(3)$	$\Rightarrow$	$1 = 243a + 81b + 27c + 9d + 3e + f$
III	knickfrei:	$g'(1) = f'(1)$	$\Rightarrow$	$-2 = 5a + 4b + 3c + 2d + e$
IV	knickfrei:	$h'(3) = f'(3)$	$\Rightarrow$	$0 = 405a + 108b + 27c + 6d + e$
V	krümmungsruckfrei:	$g''(1) = f''(1)$	$\Rightarrow$	$-2 = 20a + 12b + 6c + 2d$
VI	krümmungsruckfrei:	$h''(3) = f''(3)$	$\Rightarrow$	$0 = 540a + 108b + 18c + 2d$

Lösen des LGS liefert die gesuchte Funktion $f(x) = \frac{1}{8}x^5 - \frac{3}{2}x^4 + \frac{27}{4}x^3 - \frac{27}{2}x^2 + \frac{81}{8}x + 1$.

10 Extremwertprobleme

Bei diesem Aufgabentyp (auch Optimierungsaufgaben genannt) geht es darum, Prozesse zu optimieren, minimalen oder maximalen Aufwand, Material oder Volumen zu erhalten. Wir suchen also eine Funktion, die unser Problem beschreibt und nur noch von einer Variablen abhängt. Wenn unsere Funktion von mehreren Variablen abhängt, müssen Variablen durch Nebenbedingungen so eliminiert werden, dass nur noch eine Variable vorliegt. Wenn z.B. nach maximalen Volumen gefragt wird, ist die Hauptbedingung $V = \ldots$. Soll nach minimaler Oberfläche gesucht werden ist die Hauptbedingung $O = \ldots$. Die Nebenbedingung enthält Informationen, wie zum Beispiel ein gegebenes Volumen, wenn die Oberfläche minimal bzw. maximal werden soll.

Einstieg

Ablauf

1. Hauptbedingung aufstellen: Was soll maximal/minimal werden?
2. Rand- bzw. Nebenbedingung aufstellen: Angabe im Text!
3. Nebenbedingung nach einer Variablen umstellen und in Hauptbedingung einsetzen $\Rightarrow$ Zielfunktion.
4. Zielfunktion auf Extremstellen untersuchen.
5. Alle fehlenden Werte bestimmen. (Randwerte beachten!)

In diesem Themengebiet kommen zwei Aufgabentypen recht häufig vor: *Körperaufgaben* und umgangssprachlich *Punkt auf Graph-Aufgaben*. Wir möchten an dieser Stelle zunächst auf den zweiten Aufgabentypen eingehen. Oft ist hier eine Funktion $f(x)$ vorgegeben, die sich in einem beliebigen Quadranten des Koordinatensystems befindet und in der sich ein Dreieck befindet, dessen Höhe und Breite abhängig von der Funktion f ist. Genau so ein Fall wird im folgenden Beispiel behandelt.

Beispiel Gegeben sei die Funktion $f(x) = -\frac{1}{6}x^2 + 4{,}5$ im ersten Quadranten. Welche Koordinaten muss der Punkt P besitzen, damit der Flächeninhalt des grauen Dreiecks maximal ist? Unsere Hauptbedingung lautet:

$$\text{Flächeninhalt Dreieck:} \quad A_\Delta = \frac{1}{2} \cdot g \cdot h.$$

Die Nebenbedingung ist in diesem Fall, dass der Punkt P auf dem Funktionsgraphen liegen muss. Das ist eine nützliche Information, denn so können wir die Grundseite g und die Höhe h in der Formel durch die Koordinaten von P ersetzen.

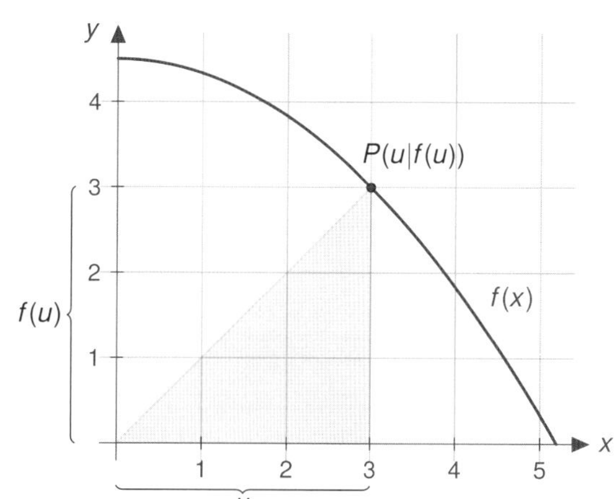

Die Nebenbedingungen lauten $g = u$ und $h = f(u) = -\frac{1}{6}u^2 + 4{,}5$, welche in die Hauptbedingung eingesetzt werden können, um die Zielfunktion zu erhalten:

$$A_\Delta(u) = \frac{1}{2} \cdot u \cdot \left(-\frac{1}{6}u^2 + 4{,}5\right) = -\frac{1}{12}u^3 + 2{,}25u$$

Unsere Zielfunktion ist jetzt nur noch abhängig von der Unbekannten u. Wir untersuchen die Funktion nun auf Extremstellen. Die

$$\text{notwendige Bed.:} \quad A'_\Delta(u) = -\frac{1}{4}u^2 + 2{,}25 \stackrel{!}{=} 0$$

Eckpunkt nicht im Ursprung

liefert die beiden möglichen Extremstellen $u_1 = 3$ und $u_2 = -3$. Da wir uns laut Aufgabentext im ersten Quadranten befinden haben wir nur die Lösung $u_1 = 3$. Die Prüfung, ob wirklich ein Maximum vorliegt, wird mit der zweiten Ableitung gemacht und liefert $A''_\Delta(u_1 = 3) = -3/2 < 0$. Für $u_1 = 3$ ist die Zielfunktion, also die Fläche des Dreiecks, wirklich maximal! Jetzt noch die restlichen Werte bestimmen, hier die y-Koordinate von P: $f(3) = 3$. Damit lautet der Punkt, der zur maximalen Fläche des Dreiecks führt $P(3|3)$.

In der folgenden Abbildung findet ihr weitere typische Beispiele zu Extremwertaufgaben mit den dazugehörigen Zielfunktionen. Die größte Schwierigkeit ist in der Regel, die Zielfunktion zu bestimmen. Diese Funktionen dann auf Extremstellen zu untersuchen, ist dann nicht mehr das Problem.

Weitere **typische Aufgaben**, bei denen wir die Zielfunktion aufstellen möchten:

1) Fläche - Seitenlänge begrenzt

$$\begin{aligned} \text{HB}: &\quad A(a,b) = a \cdot b \\ \text{NB}: &\quad U(a,b) = 2(a+b) \stackrel{!}{=} 400 \\ \Leftrightarrow &\quad b = 200 - a \text{ in HB} \\ \textbf{ZF}: &\quad A(a) = -a^2 + 200a \end{aligned}$$

max. Fläche, nur 400 m Zaun

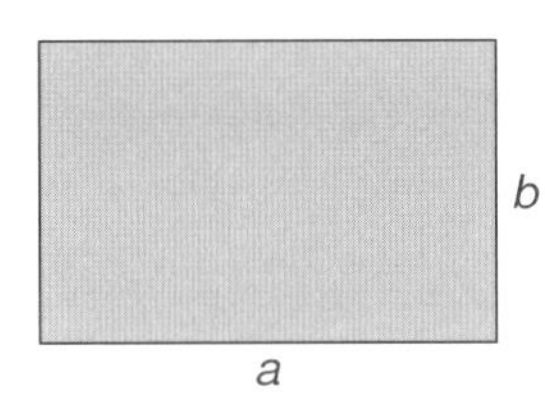

2) Quader - Kantenlänge begrenzt

$$\begin{aligned} \text{HB}: &\quad V(a,h) = 3a^2 \cdot h \\ \text{NB}: &\quad K(a,h) = 16a + 4h \stackrel{!}{=} 84 \\ \Leftrightarrow &\quad h = 21 - 4a \text{ in HB} \\ \textbf{ZF}: &\quad V(a) = 3a^2(21 - 4a) \end{aligned}$$

max. Volumen, nur 84 cm Draht

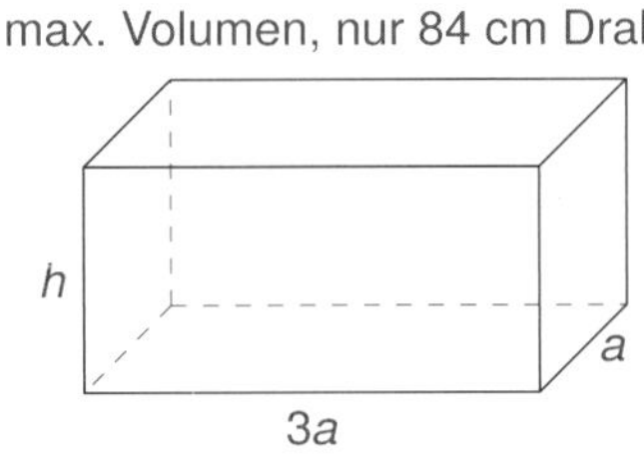

3) Dose - Material begrenzt

$$\begin{aligned} \text{HB}: &\quad V(r,h) = \pi r^2 h \\ \text{NB}: &\quad O(r,h) = 2\pi r(r+h) \stackrel{!}{=} 300 \\ \Leftrightarrow &\quad h = \tfrac{300}{2\pi r} - r \text{ in HB} \\ \textbf{ZF}: &\quad V(r) = 150r - \pi r^3 \end{aligned}$$

max. Volumen, nur 300 cm^2 Material

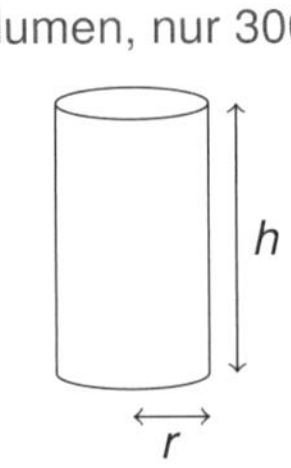

11 Wachstumsprozesse

Berechnungen zu Wachstum bzw. Wachstumsprozessen beschäftigen sich mit der Entwicklung von einem Bestand. Eine wichtige Idee dabei ist, dass die Änderung des Bestands (also Zunahme und Abnahme) die Ableitung des Bestands ist.

11.1 Lineares Wachstum

Das lineare Wachstum ist sehr, sehr einfach. Es handelt sich hierbei um einen Bestand mit einer gleichmäßigen Entwicklung! Es kommt also in jeder Zeitspanne immer die gleiche Menge dazu (oder geht weg).

Einstieg

> Das lineare Wachstum wird durch eine Gerade beschrieben, der Ansatz lautet also:
>
> $$y = m \cdot x + b \quad \text{oder auch} \quad B(t) = m \cdot t + b$$

Beispiel In einen Tümpel, der anfangs 200 m^3 dreckiges, stinkendes Wasser enthält, fließen täglich 4 m^3 sauberes, kristallklares Wasser dazu.

1. Wie viel Wasser enthält der See nach 50 Tagen?

   Lineares Wachstum wird einfach durch unsere bekannte Geradengleichung beschrieben. Da Wachstumsprozesse meist von der Zeit t (Englisch für *time*) abhängen, seht ihr oft auch $B(t) = m \cdot t + b$. Hier hängt der Bestand B von der Zeit t ab. b bezeichnet den Bestand zum Zeitpunkt 0 und m die Zunahme pro Zeiteinheit t [Tage]. Für unser Beispiel folgt:

   $$B(t) = 4 \cdot t + 200 \quad [m^3]$$

   Um herauszufinden, wie viel Wasser nach 50 Tagen enthalten ist, setzen wir $t = 50$ in die obige Gleichung ein und erhalten $B(50) = 4 \cdot 50 + 200 = 400 \quad [m^3]$.

   Antwort: Nach 50 Tagen sind 400 m^3 in dem Tümpel.

2. Wann enthält der See 1000 m^3 Wasser?

   Lösungsweg 1 - Überlegen: Zu Beginn waren schon 200 m^3 im Tümpel, also sind $1000 - 200 = 800$ m^3 hinzugekommen. Da 4 m^3 täglich hinzufließen, brauche ich 800/4=200 Tage, damit 1000 m^3 im Tümpel sind.

   Lösungsweg 2 - Gleichung verwenden: Der Bestand B soll 1000 m^3 sein. Also setzen wir die 1000 in die Geradengleichung ein und stellen nach der Unbekannten t um. Es folgt:

   $$1000 = 4 \cdot t + 200 \quad \Rightarrow \quad t = 200 \quad [\text{Tage}]$$

3. Wann ist nur noch 1% des Wassers dreckig?

   An dieser Stelle denken wir einmal nach und schauen uns den Aufgabentext an. Es fließt nur sauberes Wasser hinzu. Das einzig dreckige Wasser in dem Tümpel ist der Anfangsbestand. Demnach sind die gesuchten 1% die anfänglichen 200 m^3. Mit Hilfe des Dreisatz können wir herausfinden, dass 100% also 20.000 m^3 sein müssen. Jetzt stellt sich die Frage, wann 20.000 m^3 im Tümpel sind. Das können wir genau so wie Aufgabenteil 2 lösen. Wir verwenden hier den zweiten Lösungsweg und erhalten:

$$20.000 = 4 \cdot t + 200 \quad \Rightarrow \quad t = 4950 \quad \text{[Tage]}$$

11.2 Exponentielles Wachstum

Unterschied zu linearem Wachstum

Im vorherigen Kapitel haben wir gelernt, was es mit dem linearen Wachstum auf sich hat. Wir haben bewusst auf die Darstellung des linearen Zerfalls verzichtet, weil die Abläufe identisch sind. Der einzige Unterschied ist, dass etwas immer gleich viel abnimmt anstatt zunimmt.

Exponentielles Wachstum ist ein Wachstum, in welchem die Zunahme (oder Abnahme) immer proportional zum Bestand ist, sprich: zum bereits vorhandenen Bestand kommt immer der gleiche prozentuale Anteil dazu (oder geht weg). Standardbeispiel: Zinsen bei der Bank (zu einem angelegten Kapital kommt immer der gleiche Zinssatz dazu).

> Exponentielles Wachstum wird durch die Funktionsgleichung
>
> $$\text{Endwert} = \text{Startwert} \cdot \text{Basis}^x$$
> $$f(x) = s \cdot b^x$$
> $$\text{oder} \quad f(t) = a \cdot q^t$$
>
> mit $q > 1$ als Wachstumsfaktor und $q < 1$ als Zerfallsfaktor beschrieben.

Beispiele

Was bedeutet das jetzt? Hier ein paar Beispiele:

- 200 Fliegen verdoppeln täglich ihre Anzahl: $f(t) = 200 \cdot 2^t$
- 200 Fliegen halbieren täglich ihre Anzahl: $f(t) = 200 \cdot 0{,}5^t$
- 200 Fliegen vermehren sich täglich um 7%. Allgemein: $f(t) = a \cdot \left(1 + \frac{p}{100}\right)^t$

  $$f(t) = 200 \cdot \left(1 + \frac{7}{100}\right)^t = 200 \cdot 1{,}07^t$$

- 200 Fliegen werden täglich 5 % weniger. Allgemein: $f(t) = a \cdot \left(1 - \frac{p}{100}\right)^t$

  $$f(t) = 200 \cdot \left(1 - \frac{5}{100}\right)^t = 200 \cdot 0{,}95^t$$

Die nachfolgende Abbildung soll euch als Übersicht zum Thema Wachstumsprozesse dienen. Hier sind lineare und exponentielle Prozesse gegenübergestellt, so dass die Unterschiede deutlich werden können.

Lineares Wachstum

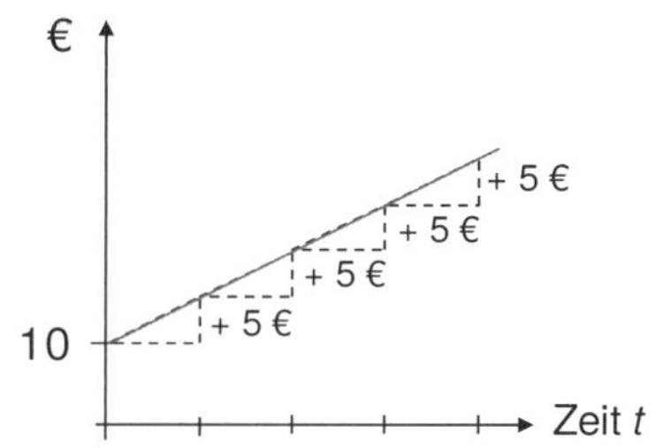

z.B. monatliches Taschengeld

Exponentielles Wachstum

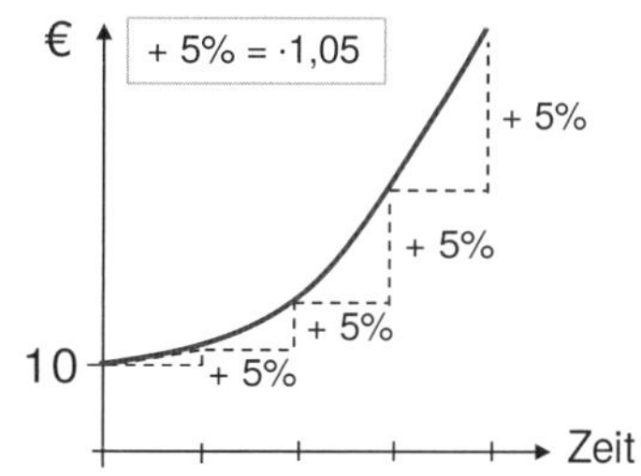

z.B. Geld auf Konto (Zinses-Zins)

Lineare Abnahme/Zerfall

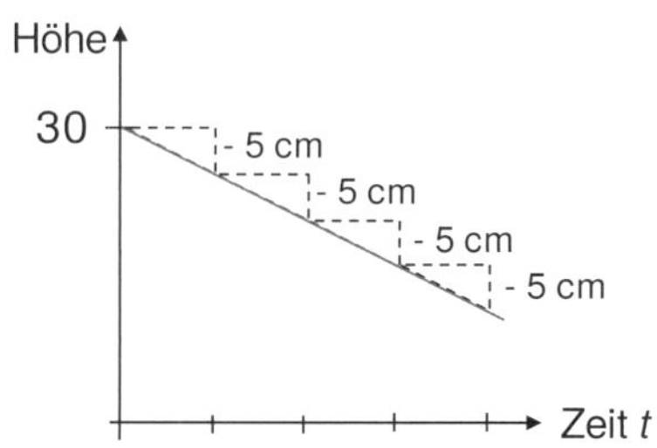

z.B. abbrennende Kerze

Exponentielle Abnahme/Zerfall

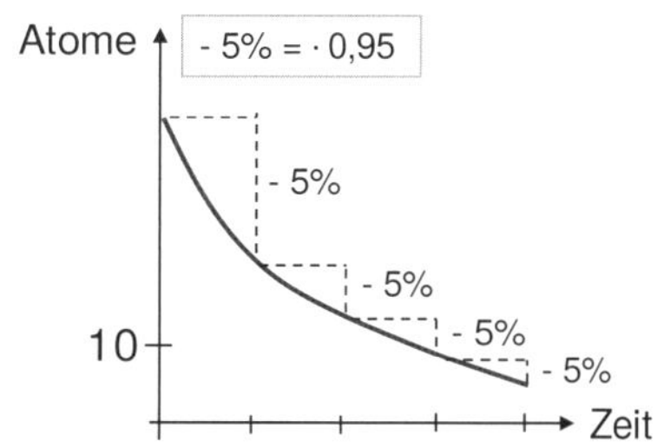

z.B. radioaktiver Zerfall von Atomen

Typisch für exponentielles Wachstum ist die *Verdopplungszeit bzw. Generationszeit*, wo gefragt wird, wann der doppelte Startwert (oder Anfangsbestand) erreicht wird und die *Halbwertszeit* (bei exponentieller Abnahme), wo gefragt wird, wann der halbe Startwert (oder Anfangsbestand) erreicht wird. Da bei der Verdopplungszeit immer nach dem doppelten Startwert ($2 \cdot S$) mit S als Startwert gefragt wird, steht auf der linken Seite der Gleichung immer eine 2 bzw. eine 0,5 bei der Halbwertszeit. **Beispiel**:

Verdopplungs-/Halbwertszeit

Verdopplungszeit:

$$\begin{aligned} f(t) &= 200 \cdot 1{,}05^t \\ \Rightarrow \quad 400 &= 200 \cdot 1{,}05^t \quad &&|:200 \\ \Leftrightarrow \quad 2 &= 1{,}05^t &&|\text{ mit log} \\ \Leftrightarrow \quad t &= \log_{1{,}05}(2) \end{aligned}$$

Halbwertszeit:

$$\begin{aligned} f(t) &= 200 \cdot 0{,}8^t \\ \Rightarrow \quad 100 &= 200 \cdot 0{,}8^t \quad &&|:200 \\ \Leftrightarrow \quad 0{,}5 &= 0{,}8^t &&|\text{ mit log} \\ \Leftrightarrow \quad t &= \log_{0{,}8}(0{,}5) \end{aligned}$$

11.2.1 *e*-Funktion, die besondere Exponentialfunktion

Wenn die Basis der Exponentialfunktion die eulersche Zahl *e* ist, dann sprechen wir von DER Exponentialfunktion. Häufig wird bei Aufgaben zu Wachstums- oder Zerfallsprozessen die Basis *e* gewählt. Die allgemeine Form lautet:

$$f(t) = a \cdot e^{\pm k \cdot t}$$

mit $k = \ln(1 + \frac{p}{100})$ als Wachstumskonstante und $k = \ln(1 - \frac{p}{100})$ als Zerfallskonstante.

11.2.2 Exponentialfunktion aufstellen mit 2 Punkten

Aufstellen mittels 2 Punkten

Häufig sind die Aufgaben bei Wachstumsprozessen so gestellt, dass aus dem Aufgabentext zwei Punkte herausgefunden werden müssen und aus diesen zwei Punkten eine Exponentialfunktion aufgestellt werden muss. Dazu gucken wir uns direkt mal ein typisches Beispiel an.

Beispiel Daniel hat einen normalen Hormonspiegel von 6 mg/l. Als er Chantal zum ersten Mal sieht, schnellt der Hormonspiegel innerhalb von 3 Minuten auf 9 mg/l. Wie hoch ist der Hormonspiegel nach einer Viertelstunde, wenn man von einer Entwicklung gemäß $h(t) = a \cdot e^{kt}$ ausgehen kann?

Wie gehen wir vor? Die Form der Funktion, hier Exponentialfunktion, ist bereits gegeben. Folgende Informationen müssen aus der Aufgabenstellung herausgezogen werden:

$$t = 0: \; h(0) = 6 \quad \text{daraus folgt der Punkt } P_1(0|6)$$
$$t = 3: \; h(3) = 9 \quad \text{daraus folgt der Punkt } P_2(3|9)$$

Gesucht ist der Hormonspiegel nach einer Viertelstunde, also $h(15)$. Aus $P_1(0|6)$ und $P_2(3|9)$ folgen dann zwei Gleichungen, die wir nach den uns bekannten Verfahren auflösen.

$$\text{I} \quad 6 = a \cdot \underbrace{e^{k \cdot 0}}_{=1} \qquad \text{II} \quad 9 = a \cdot e^{k \cdot 3}$$

Aus Gleichung I folgt direkt $a = 6$ und das setzen wir in Gleichung II ein und erhalten:

$$\begin{aligned} 9 &= 6 \cdot e^{k \cdot 3} && | :6 \\ \Leftrightarrow \quad 1{,}5 &= e^{3k} && | \ln \\ \Leftrightarrow \quad \ln(1{,}5) &= 3k && | :3 \end{aligned}$$

Es folgt mit $k = \frac{\ln(1{,}5)}{3} \approx 0{,}135$ die gesuchte Wachstumsfunktion: $h(t) = 6 \cdot e^{0{,}135 \cdot t}$. Wenn Ihr die Funktion habt, ist der Rest meist einfach. Daniel hat nach 15 Minuten einen Hormonspiegel von

$$h(15) = 6 \cdot e^{0{,}135 \cdot 15} \approx 45{,}46 \quad \left[\frac{\text{mg}}{\text{l}}\right].$$

Beachtet bitte, dass die Rundungsfehler bei *e*-Funktionen sehr hoch sind.

11.2.3 Unbegrenztes Wachstum bzw. unbegrenzter Zerfall

In diesem Abschnitt sollt ihr eine Übersicht zu unbegrenztem Wachstum/Zerfall bekommen. Wir haben $N(t)$ als den y-Wert, der rauskommt, wenn ein Anfangswert $N(0)$ mal den Faktor $e^{k \cdot t}$ multipliziert wird. Der Parameter k muss dabei größer als Null sein. Dabei ist es egal, ob Wachstum oder Zerfall vorliegt.

<u>Unbegrenztes Wachstum:</u>

$$\begin{aligned} N(t) &= N(0) \cdot e^{k \cdot t} \\ N'(t) &= k \cdot N(0) \cdot e^{k \cdot t} \\ &= k \cdot N(t) \end{aligned}$$

Verdopplungszeit: $t = \frac{\ln(2)}{k}$

<u>Unbegrenzter Zerfall:</u>

$$\begin{aligned} N(t) &= N(0) \cdot e^{-k \cdot t} \\ N'(t) &= -k \cdot N(0) \cdot e^{-k \cdot t} \\ &= -k \cdot N(t) \end{aligned}$$

Halbwertszeit: $t = \frac{\ln(0{,}5)}{-k}$

Beispiel zur Halbwertszeit: In lebenden Organismen beträgt der Anteil des Kohlenstoffisotops C14 etwa ein Billionstel aller Kohlenstoffatome. In abgestorbenen Organismen zerfällt das C14-Isotop exponentiell. Nach 1000 Jahren sind noch ca. 0,886 Billionstel vorhanden. Bestimme die Halbwertszeit von C14.

Es liegt ein unbegrenzter Zerfall vor. Unser Ansatz lautet zunächst $N(t) = N(0) \cdot e^{-kt}$. Wir müssen also den Anfangswert $N(0)$ und k bestimmen. Zwei Informationen sind im Aufgabentext gegeben, um die gesuchten Werte zu bestimmen:

- Anfangswert: $N(0) = 1$
- Nach 1000 Jahren: $N(1000) = 0{,}886$

Hinweis: Die Einheit ist Billionstel. Wir erhalten

$$\begin{aligned} 0{,}886 &= 1 \cdot e^{-k \cdot 1000} && \mid \text{logarithmieren} \\ \Leftrightarrow \quad \ln(0{,}886) &= -k \cdot 1000 \\ \Leftrightarrow \quad k &\approx 0{,}000121 \end{aligned}$$

und damit die Funktion, die den unbegrenzten Zerfall beschreibt: $N(t) = 1 \cdot e^{-0{,}000121 \cdot t}$.

Erst jetzt beginnen wir mit der Fragestellung. Wir verwenden einfach die Formel von oben und es folgt für die Halbwertszeit:

$$t = \frac{\ln(0{,}5)}{-0{,}000121} \approx 5728 \text{ Jahre}$$

11.2.4 Beschränktes Wachstum und beschränkte Abnahme

Grundsätzlich unterscheidet man zwischen beschränktem Wachstum und beschränkter Abnahme. Ganz allgemein gilt:

$$f(t) = S \pm c \cdot e^{-k \cdot t}, \text{mit } k > 0,\ s \in \mathbb{R} \text{ und } t$$

Beschränktes Wachstum

$f(t) = 30 - 16 \cdot e^{-0{,}05\,t}$

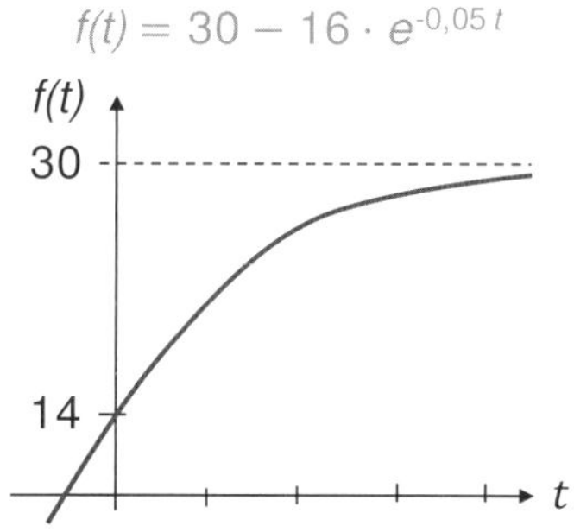

Beschränkte Abnahme

$g(t) = 30 + 16 \cdot e^{-0{,}05\,t}$

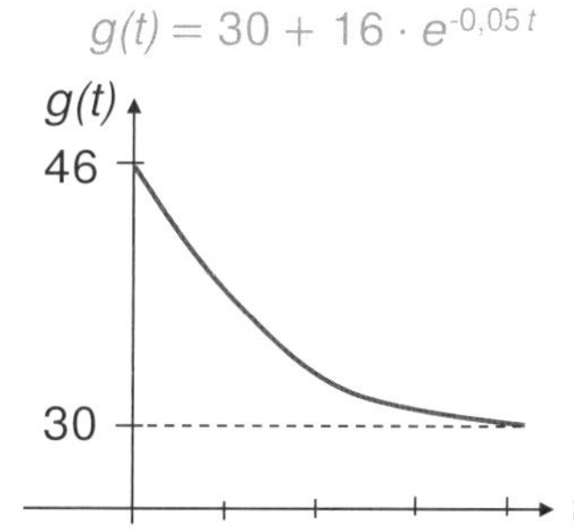

Beispiel für beschränktes Wachstum: Ihr holt ein Glas Milch aus dem Kühlschrank und stellt es in euer Zimmer. Wir haben eine Zunahme der Temperatur, die beschränkt ist auf die Raumtemperatur.

Beispiel für beschränkte Abnahme: Ihr erhitzt ein Glas Milch und stellt es in euer Zimmer. Wir haben eine Abnahme der Temperatur, die beschränkt ist auf die Raumtemperatur.

Charakteristisch für beschränktes Wachstum oder beschränkte Abnahme ist, dass die Steigung mit steigender Zeit abnimmt. Unterschied zu logistischem Wachstum!

11.2.5 Logistisches Wachstum

Ähnlich wie beim beschränkten Wachstum erkennt ihr, wenn man nach rechts schaut, dass die Steigung des Graphen immer weiter abnimmt bis sie 0 ist und sich einem Grenzwert asymptotisch annähert. Anders als beim beschränkten Wachstum ist es aber so, dass die Wachstumsgeschwindigkeit zu Beginn zunimmt, bevor sie abnimmt. In der Abbildung seht ihr ein Beispiel, wie logistisches Wachstum graphisch aussehen könnte.

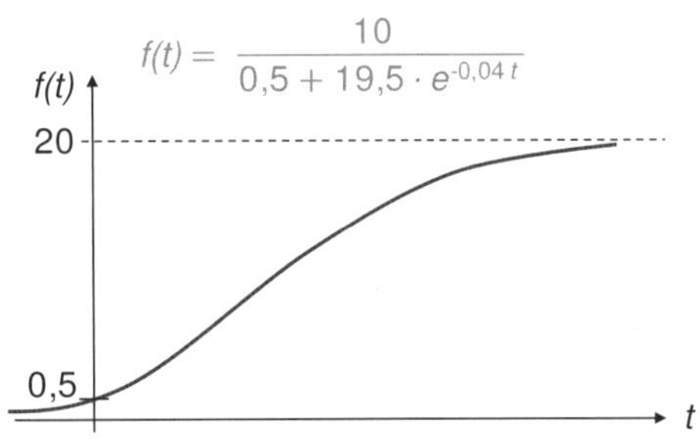

Wie kommen wir auf den Grenzwert bei $f(t)$ (Schranke S), der hier 20 ist? Einfach ausgedrückt: Zahl oben durch Zahl, die alleine steht, ist die sogenannte Schranke, bei der sich der Graph vom Wert her einpendelt. In unserem Beispiel: $10/0{,}5 = 20$.

Die Zahl, die unter dem Bruchstrich alleine steht, ist zeitgleich der Schnittpunkt mit der y-Achse. Hier: 0,5. Damit hat man alle Sonderheiten geklärt. Allgemein gilt für logistisches Wachstum folgende Gleichung:

$$f(t) = \frac{a \cdot S}{a + (S - a) \cdot e^{-Skt}}, \quad \text{wobei } a = f(0),\ 0 < a < S,\ k > 0 \text{ und } S > 0.$$

Größerer Wachstums-/Zerfallszeitraum

Wenn ein größerer Zeitraum als *täglich, stündlich, minütlich* vorgegeben ist, z.B. alle 4 Tage werden 200 g 20% mehr, habt ihr zwei Möglichkeiten, die Exponentialfunktion aufzustellen:

1) Richtigen Wachstumsfaktor ausrechnen!

$$f(x) = 200 \cdot q^x$$
$$\underbrace{240}_{200+20\%} = 200 \cdot q^4 \quad | :200$$
$$1{,}2 = q^4 \quad |\text{4. Wurzel ziehen}$$
$$q = \sqrt[4]{1{,}2} \Rightarrow f(x) = 200 \cdot \left(\sqrt[4]{1{,}2}\right)^x$$

2) Exponenten anpassen!

$$f(x) = 200 \cdot (\underbrace{1{,}2}_{1+\frac{0{,}2}{100}})^{\frac{1}{4}x}$$
$$= 200 \cdot \left(1{,}2^{\frac{1}{4}}\right)^x$$
$$= 200 \cdot \left(\sqrt[4]{1{,}2}\right)^x$$

12 Integralrechnung

Die Integralrechnung ist neben der Differentialrechnung der wichtigste Zweig der mathematischen Disziplin der Analysis. Sie ist aus dem Problem der Flächen- und Volumenberechnung entstanden. Das Integral ist ein Oberbegriff für das unbestimmte und das bestimmte Integral. Die Berechnung von Integralen heißt *Integration*. Zunächst gehen wir nochmal die Grundlagen der Integralrechnung durch. Im Anschluss werden Flächeninhalte bestimmt und schwierigere Integrationsregeln wie z.B. die partielle Integration vorgestellt.

Grundlagen

Die Umkehrung des Ableitens ist das Bilden von Stammfunktionen und wird deshalb auch umgangssprachlich *Aufleiten*[a] genannt.

Wie schon beim Ableiten gibt es auch hier eine *Summenregel* (= Eine Summe wird „summandenweise“ aufgeleitet) und eine *Faktorregel* (= Ein konstanter Faktor bleibt beim Aufleiten erhalten).

[a]Lehrer und Professoren hören das Wort nicht gerne, aber wir verwenden das hier, weil jeder weiß, was damit gemeint ist!

	$F(x)$	Stammfunktion
integrieren	$\uparrow$	
	$f(x)$	Ausgangsfunktion
differenzieren	$\downarrow$	
	$f'(x)$	1. Ableitungsfunktion
differenzieren	$\downarrow$	
	$f''(x)$	2. Ableitungsfunktion

12.1 Übersicht typischer Stammfunktionen

Wenn F eine Stammfunktion von f ist und C eine beliebige reelle Zahl (Konstante), dann ist auch $F(x) + C$ eine Stammfunktion von f. Zum Beispiel sind

$$F(x) = (x^2/2) + 5 \qquad F(x) = (x^2/2) + 10 \qquad F(x) = (x^2/2) - 200$$

alles Stammfunktionen von $f(x) = x$. Grundsätzlich lautet die Stammfunktion für $f(x) = x$ also $F(x) = x^2/2 + C$. Wenn nur eine Stammfunktion gesucht wird, können wir zur Einfachheit $C = 0$ wählen.

Warum $+C$?

Die Stammfunktion zu der Potenzfunktion

$$f(x) = x^n, \quad n \in \mathbb{N}$$

ermittelt sich allgemein über

$$F(x) = \frac{1}{n+1}x^{n+1}.$$

Beim Aufleiten muss der Exponent um 1 erhöht und in den Nenner des Bruchs geschrieben werden! In nebenstehender Tabelle findet ihr weitere Beispiele.

$f(x)$	$F(x)$
1	x
10	$10x$
x	$\frac{1}{2}x^2$
$10x$	$5x^2$
x^2	$\frac{1}{3}x^3$
$5x^7$	$\frac{5}{8}x^8$
$3x^4 - 2x^3 + 4$	$\frac{3}{5}x^5 - \frac{2}{4}x^4 + 4x$

Wie bereits erwähnt gibt es bei der Integralrechnung auch eine Summenregel, die besagt, dass jeder Summand einzeln integriert wird. Zum Beispiel ist $F(x) = x^2 + 3x$ eine Stammfunktion von $f(x) = 2x + 3$.

Stammfunktion bilden

Aufleiten e-Funktion

e-Funktion

In der nebenstehenden Tabelle finden wir viele Beispiele von aufgeleiteten *e*-Funktionen.

Merkt euch: Egal ob Nullstellen bestimmen, Ableitung oder Stammfunktion bilden. Achtet auf die Struktur der Funktion! Steht da nur eine Summe oder eine Differenz oder ist ein Produkt aus Term mit einer Variablen mal *e* hoch irgendwas zu erkennen?

$f(x)$	$F(x)$
e^x	e^x
e^{3x}	$\frac{1}{3}e^{3x}$
e^{4-2x}	$\frac{-1}{2}e^{4-2x}$
$20e^{10x}$	$2e^{10x}$
$3e^{5-2x}$	$\frac{3}{-2}e^{5-2x}$
e^{x^2}, e^{x^3}	Geht nicht!
$2x \cdot e^{-2x}$	Partielle Integration
$2x \cdot e^{x^2}$	Substitution

12.2 Unbestimmtes Integral

Als unbestimmtes Integral bezeichnet man, wie oben bereits angedeutet, die Gesamtheit aller Stammfunktionen $F(x) + C$ einer Funktion $f(x)$. Die Schreibweise für unbestimmte Integrale lautet

$$\int f(x)\,\mathrm{d}x = F(x) + C$$

Dabei ist $\int$ das Integrationszeichen und $f(x)$ der Integrand. Die Variable x heißt Integrationsvariable und C ist die Integrationskonstante. Hier zwei Beispiele für unbestimmte Integrale:

$$\int 2x\,\mathrm{d}x = x^2 + C \qquad \int x^3\,\mathrm{d}x = \frac{1}{4}x^4 + C$$

12.3 Bestimmtes Integral

Wenn Integrationsgrenzen angegeben sind, handelt es sich nicht mehr um ein unbestimmtes Integral. Man spricht dann von einem bestimmten Integral, da die Integrationsgrenzen angegeben (folglich bestimmt) sind.

Du kannst mit Integralen Flächen berechnen. Dazu musst du aber erst das Konzept der Ober- und Untersumme verstehen. Die Fläche unter einem bestimmten Funktionsabschnitt liegt irgendwo zwischen der kleinsten und größten Fläche, die wir durch den Verlauf der Funktion bilden können.

Ober-/
Untersumme

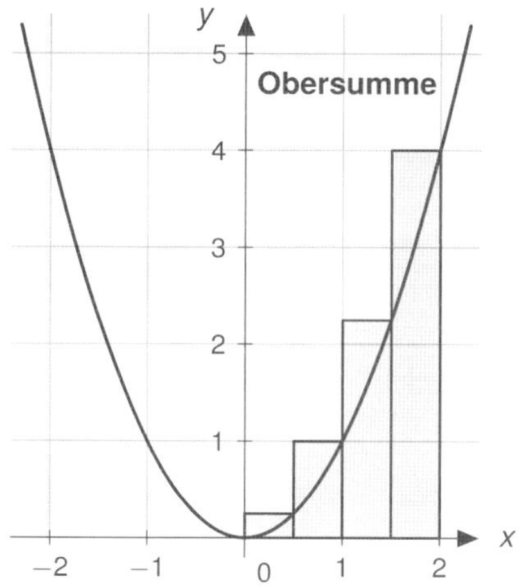

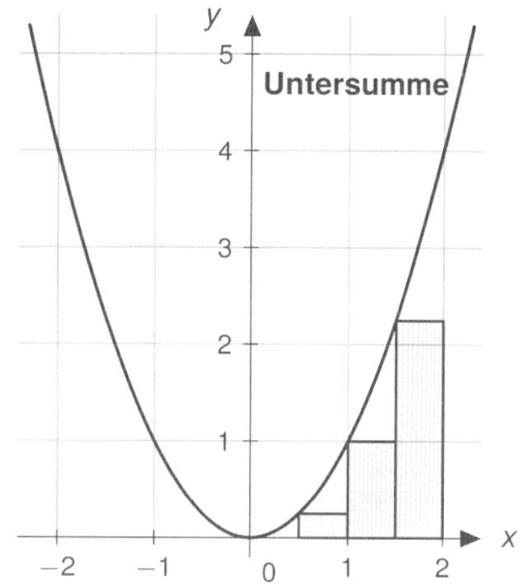

Diese Annahme ist uns natürlich zu ungenau. Deshalb bilden wir mehrere Unter- und Obersummen innerhalb der zu berechnenden Fläche. Dabei verringert sich natürlich die Breite der Rechtecke. Umso mehr einzelne Rechtecke wir hier bilden, umso näher sind die Werte an der tatsächlichen Größe. Wir nähern uns dem wahren Wert am besten an, indem wir die Anzahl der Unter-/ Obersummen gegen unendlich wandern lassen $n \to \infty$.

Wichtig Ein bestimmtes Integral ist also definiert als der Grenzwert ($n \to \infty$) einer Summe von Produkten (= der Rechtecke).

Im Gegensatz zum unbestimmten Integral lässt sich ein bestimmtes Integral mit dem *Hauptsatz der Integralrechnung* lösen!

$$\int_a^b f(x)\,dx = [F(x)]_a^b = (F(b) - F(a))$$

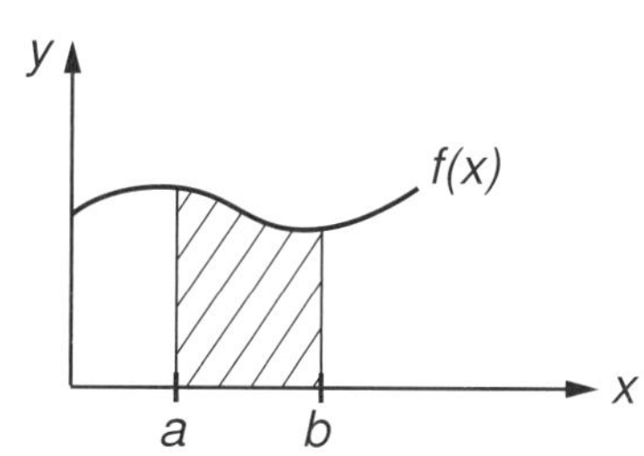

Als Ergebnis erhält man einen konkreten Zahlenwert.

Beispiel $\int_1^3 2x\,dx = \left[x^2\right]_1^3 = (3^2 - 1^2) = 8$

12.4 Bestimmung von Flächeninhalten

Wir können die Integralrechnung zur Berechnung von Flächeninhalten verwenden. Wenn Grenzwerte gegeben sind, liegt ein bestimmtes Integral vor. Im Folgenden schauen wir uns Beispiele zu verschiedenen Problemstellungen an.

Berechnung der Fläche

Fläche zwischen Graph und x-Achse

zwischen Graph und x-Achse

- Die Nullstellen bestimmen, um die Grenzen zu erhalten.
- Ist die Fläche stets oberhalb der x-Achse, die bestimmt wird, können wir ganz normal das Integral berechnen.

Merke: Wenn die Funktion im zu berechnendem Intervall einen Vorzeichenwechsel hat, ist ein Teil der Fläche unterhalb der x-Achse und Teil oberhalb. Die Fläche unterhalb der x-Achse muss dann im Betrag genommen werden.

Beispiel Gegeben sei die Funktion $f(x) = -x^2 + 7x - 10$ (siehe Abbildung) und es soll die Fläche berechnet werden, die von dem Graph und der x-Achse eingeschlossen wird. Zunächst berechnen wir die Nullstellen: $x_1 = 2$ und $x_2 = 5$. Das sind gleichzeitig unsere Integrationsgrenzen. Es folgt für die Fläche

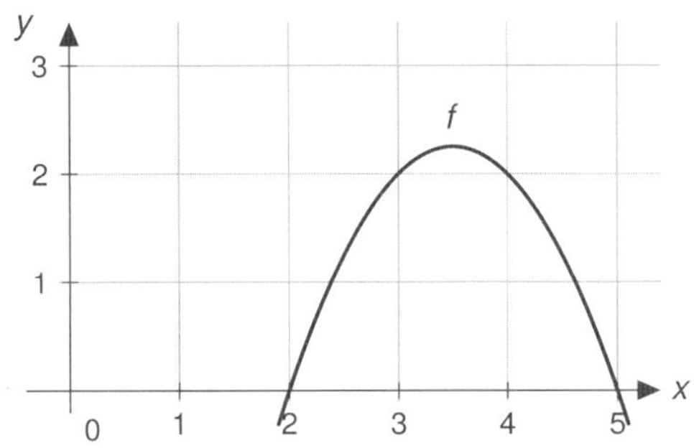

$$\int_2^5 -x^2 + 7x - 10 \, dx = \left[-\frac{x^3}{3} + \frac{7x^2}{2} - 10x\right]_2^5$$

$$= \left(-\frac{5^3}{3} + \frac{7 \cdot 5^2}{2} - 10 \cdot 5\right) - \left(-\frac{2^3}{3} + \frac{7 \cdot 2^2}{2} - 10 \cdot 2\right) = 4{,}5 \text{ [FE]}$$

Nullstelle im Intervall

zwischen Graph und x-Achse im Intervall von [2, 4]

Beispiel In der nebenstehenden Abbildung soll die Fläche einer Funktion $f(x)$ im Intervall [0, 2] bestimmt werden.

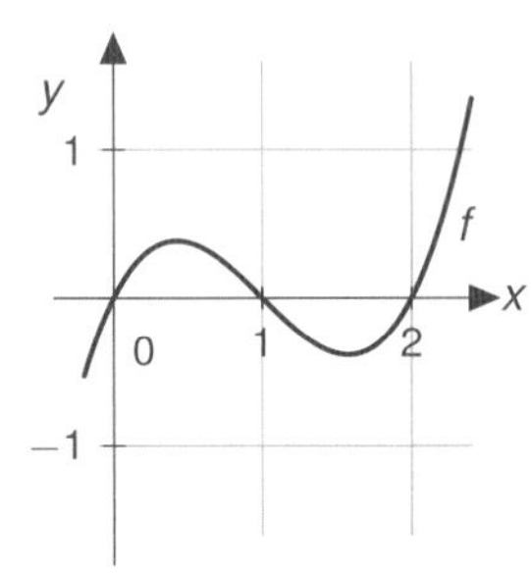

$$\int_0^2 f(x) \, dx = 0$$

gibt hierbei nicht den gesuchten Flächeninhalt an, sondern den Integralwert!

Aus diesem Grund ist die Berechnung der Nullstellen wichtig. Da bei der Funktion $f(x) = x^3 - 3x^2 + 2x$ eine Nullstelle bei $x = 1$ vorliegt, also innerhalb der angegebenen Integrationsgrenzen, gibt es einen Vorzeichenwechsel und ein Teil des Graphen muss unterhalb der x-Achse liegen.

Tipp: Jeweils den Betrag der Teilfläche A_1 von unterer Grenze zur Nullstelle und der Teilfläche A_2 von Nullstelle zu oberer Grenze berechnen.

Es folgt mit

$$A_1 = \left|\int_0^1 f(x) \, dx\right| = 0{,}25 \text{ [FE]} \quad \text{und} \quad A_2 = \left|\int_1^2 f(x) \, dx\right| = |-0{,}25| = 0{,}25 \text{ [FE]}$$

der gesuchte Flächeninhalt $A_{ges} = 0{,}25 + 0{,}25 = 0{,}5$ [FE].

zwischen zwei Graphen

Wenn f und g zwei Funktionen sind, die auf dem Intervall $[a;b]$ stetig sind und $f(x) \geq g(x)$ für alle $x \in [a;b]$ gilt, dann ist die Fläche, die von beiden Funktionen eingeschlossen wird

$$A = \int_a^b (f(x) - g(x))\,\mathrm{d}x = [F(x) - G(x)]_a^b = (F(b) - G(b)) - (F(a) - G(a)).$$

Beispiel Bestimme den Flächeninhalt, der von den Funktionen

$$f(x) = -\frac{x^2}{12} + 3 \quad \text{und} \quad g(x) = \frac{x^2}{6} + 1$$

eingeschlossen wird. Hierfür benötigen wir zunächst die Schnittpunkte der beiden Funktionen.

zwischen
2 Graphen

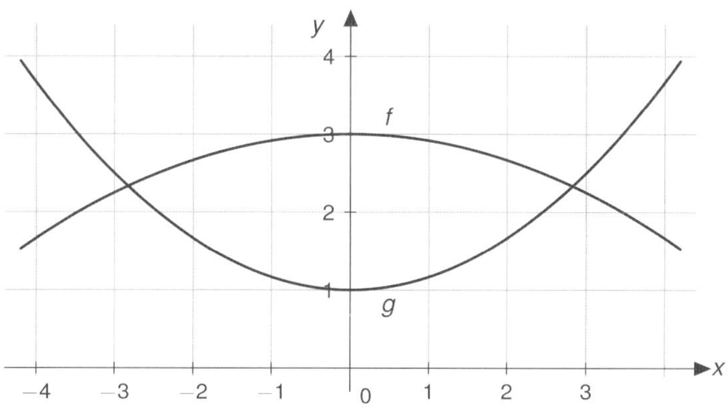

Dazu setzen wir beide Funktionen gleich und erhalten:

$$f(x) = g(x)$$
$$-\frac{x^2}{12} + 3 = \frac{x^2}{6} + 1$$
$$x_1 = -\sqrt{8} \wedge x_2 = \sqrt{8}$$

Nun haben wir alle Informationen um die Fläche zwischen den beiden Graphen durch folgendes Integral zu berechnen:

$$\int_{-\sqrt{8}}^{\sqrt{8}} (f(x) - g(x))\,\mathrm{d}x = \int_{-\sqrt{8}}^{\sqrt{8}} -\frac{x^2}{12} + 3 - \left(\frac{x^2}{6} + 1\right)\,\mathrm{d}x = \int_{-\sqrt{8}}^{\sqrt{8}} -\frac{x^2}{4} + 2\,\mathrm{d}x$$

Zu beachten: Wenn sich zwei Graphen schneiden, wird ab dem Schnittpunkt aus der oberen Funktion die untere. Wir würden nun einen negativen Flächeninhalt herausbekommen, also müssen wir Betragsstriche setzen.

Vorgehen

1. Schnittstellen finden
2. Teilintegrale aufstellen und Betragsstriche setzen

Dann weiter vorgehen wie in dem Beispiel zuvor.

12.5 Partielle Integration und Integration durch Substitution

Durch Umkehrung der Produkt- und Kettenregel lassen sich zwei Integrationsverfahren gewinnen, mit denen sich bisher nicht bestimmbare Stammfunktionen ermitteln lassen. Die **partielle Integration**, auch Produktintegration genannt, ist in der Integralrechnung eine Möglichkeit zur Berechnung bestimmter Integrale und zur Bestimmung von Stammfunktionen. Sie ist quasi das Gegenstück zur Produktregel beim Ableiten.

partielle
Integration

$$\int_a^b u(x) \cdot v'(x) \, \mathrm{d}x = [u(x) \cdot v(x)]_a^b - \int_a^b u'(x) \cdot v(x) \, \mathrm{d}x$$

Die partielle Integration wird stets bei einem Produkt zweier Funktionen angewendet, wobei von einem Faktor die Stammfunktion bekannt ist ($v'(x)$) und man die Hoffnung hat, dass durch die Ableitung des anderen Faktors ($u(x)$) das Integral einfacher wird. Warum heißt es eigentlich *partielle* Integration? Weil ein Teil des Integrals $[u(x) \cdot v(x)]_a^b$ gelöst wird und der andere Teil noch ein Integral $\int_a^b u'(x) \cdot v(x) \, \mathrm{d}x$ beinhaltet. Die Schwierigkeit ist es zu entscheiden, welcher Teil $u(x)$ ist und welcher $v'(x)$. Unter Umständen kann es nämlich sein, dass das Integral bei falscher Wahl nicht zu lösen ist. Die Frage, die wir uns stellen müssen: Die Ableitung welchen Faktors vereinfacht das Integral? Allgemeines Vorgehen:

1. Überlegung: Die Ableitung welchen Faktors vereinfacht das Integral? Danach $u(x)$ und $v'(x)$ festlegen.
2. Ableitung $u'(x)$ bestimmen.
3. Stammfunktion $v(x)$ bestimmen.
4. Ergebnisse in Formel einsetzen.

Beispiel Bestimme das Integral der Funktion $f(x) = x \cdot e^x$ in den Grenzen $[0; 2]$.

Zunächst schreiben wir auf, was wir machen sollen. Das Integral soll schließlich gebildet werden.

$$\int_0^2 \left(x \cdot e^x\right) \, \mathrm{d}x = ?$$

Doch an dieser Stelle kommen wir mit unseren einfachen Methoden zur Bildung der Stammfunktion nicht weiter. Die Funktion $f(x)$ ist nämlich ein Produkt der beiden Funktionen x und e^x. Wir wenden also die partielle Integration an, um die Aufgabe zu lösen. Dafür gehen wir die obigen Schritte aus dem Vorgehen ab. 1. Wir überlegen: Die Ableitung welchen Faktors vereinfacht das Integral? Die Ableitung von x ist 1. Die Ableitung von e^x ist e^x. Da e^x auch einfach integrierbar ist folgt:

$$u(x) = x \longrightarrow u'(x) = 1 \quad \text{und} \quad v'(x) = e^x \longrightarrow v(x) = e^x$$

$$\Rightarrow \int_0^2 \left(x \cdot e^x\right) \, \mathrm{d}x = [x \cdot e^x]_0^2 - \int_0^2 (1 \cdot e^x) \, \mathrm{d}x = [x \cdot e^x]_0^2 - [e^x]_0^2 = e^2 + 1$$

Tipp: Wenn die Aufgabe nicht lösbar ist mit der Wahl von u und v', sollte man diese gegeneinander austauschen und erneut probieren. Manchmal hilft zweimaliges partielles Integrieren und Umsortieren. Generell werden Potenzen x^n oder Umkehrfunktionen wie $\ln(x)$ oder $\arcsin(x)$ durch Ableiten einfacher und Funktionen wie e^x oder $\sin(x)$ durch Integrieren nicht komplizierter.

Kommen wir zur **Integration durch Substitution**. Unter Substitution versteht man das Ersetzen eines Terms durch einen anderen. Und genau das tun wir hier um eine Integration durchzuführen. Durch Einführung einer neuen Integrationsvariablen wird ein Teil des Integranden ersetzt, um das Integral zu vereinfachen und so letztlich auf ein bekanntes oder einfacheres Integral zurückzuführen. Die Kettenregel aus der Differentialrechnung ist Grundlage der Substitutionsregel.

Integration durch Substitution

$$\int_a^b f(u(x)) \cdot u'(x)\,\mathrm{d}x = \int_{u(a)}^{u(b)} f(u)\,\mathrm{d}u$$

In Anlehnung an die Kettenregel kann über Integration per Substitution gesagt werden, dass sie immer dort angewendet wird, wo ein Faktor im Integranden die Ableitung eines anderen Teils des Integranden ist; im Prinzip immer dort, wo man auch die Kettenregel anwenden würde. Ist die Ableitung ein konstanter Faktor, so kann dieser aus dem Integral faktorisiert werden.
Allgemeines Vorgehen:

1. Den zu substituierenden Term bestimmen, ableiten und nach $\mathrm{d}x$ umstellen.
2. Substitution durchführen.
3. Integral lösen.
4. Rücksubstitution durchführen.

Beispiel Bestimme das Integral der Funktion $f(x) = (x^2 - 4)^3 \cdot 2x$ im Intervall 4 und 5 und gebe die Menge aller Stammfunktionen an.

Wir schreiben zunächst das Integral auf, welches bestimmt werden soll:

$$\int_4^5 \underbrace{(x^2-4)^3}_{f(u(x))} \cdot \underbrace{2x}_{u'(x)}\,\mathrm{d}x$$

Wir erkennen eine Verkettung $(x^2 - 4)^3$ und stellen fest, dass wir diesen Teil nicht mit den bisher bekannten Methoden integrieren können. Zusätzlich erkennen wir, dass $2x$ die Ableitung der inneren Funktion $u(x) = x^2 - 4$ ist und das ist es, was wir wollen! Also ersetzen (substituieren) wir diesen Teil durch den Parameter u:

$$\text{mit } u = x^2 - 4 \text{ folgt}: \quad \int_4^5 u^3 \cdot 2x\,\mathrm{d}x$$

Da nach u integriert werden soll, muss als nächstes $\mathrm{d}x$ ersetzt werden. Das schaffen wir, indem wir u nach x ableiten, nach $\mathrm{d}x$ umstellen und in das Integral einsetzen:

$$u' = \frac{\mathrm{d}u}{\mathrm{d}x} = 2x \Leftrightarrow \mathrm{d}x = \frac{\mathrm{d}u}{2x} \Rightarrow \int_4^5 u^3 \cdot 2x\,\frac{\mathrm{d}u}{2x}$$

Das $2x$ kürzt sich an dieser Stelle raus und der Integrand hängt nur noch von u ab. An dieser Stelle müssen wir noch die Integralgrenzen ersetzen mit $u(4) = 12$ und $u(5) = 21$ und können das Integral bestimmen:

$$\int_{12}^{21} u^3\,\mathrm{d}u = \left[\frac{1}{4}u^4\right]_{12}^{21} = 43.436,25\ [\mathrm{FE}]$$

Für die Stammfunktion müssen wir u rücksubstituieren: $F(x) = \frac{1}{4}\underbrace{(x^2-4)}_{=u}{}^4 + C$.

Sonderfälle der Substitution:

- Lineare Substitution: $\int_a^b f(mx+n)\,\mathrm{d}x = \frac{1}{m}\left[F(mx+n)\right]_a^b$
- Logarithmische Integration: $\int_a^b \frac{g'(x)}{g(x)}\,\mathrm{d}x = \left[\ln|g(x)|\right]_a^b$

Weitere kurze Beispiele:

1)

innere Funktion

$$\int_0^{2\pi} \sin(2x)\, dx \qquad u = 2x$$

äußere Funktion

$$= \int_0^{2\pi} \sin(u)\, dx \qquad u' = 2 = \frac{du}{dx}$$

$$= \int_{u(0)=0}^{u(2\pi)=4\pi} \sin(u)\, \frac{du}{2} \qquad \Leftrightarrow\ dx = \frac{du}{2}$$

Grenzen ersetzen!

$$= \frac{1}{2}\int_0^{4\pi} \sin(u)\, du$$

$$= \frac{1}{2}\left[-\cos(u)\right]_0^{4\pi}$$

2)

innere Funktion

$$\int_1^{2} e^{3x}\, dx \qquad u = 3x$$

äußere Funktion

$$= \int_1^{2} e^{u}\, dx \qquad u' = 3 = \frac{du}{dx}$$

$$= \int_{u(1)=3}^{u(2)=6} e^{u}\, \frac{du}{3} \qquad \Leftrightarrow\ dx = \frac{du}{3}$$

Grenzen ersetzen!

$$= \frac{1}{3}\int_3^{6} e^{u}\, du$$

$$= \frac{1}{3}\left[\, e^{u}\, \right]_3^{6}$$

12.6 Interpretation im Sachzusammenhang

Mit der Interpretation haben Schüler oft Schwierigkeiten, wenn im Graphen Geschwindigkeiten etc. gegeben sind, anstatt einer Menge. Schaut also zunächst auf die Achsen, welche Einheiten gegeben sind und lest den Aufgabentext genau durch.

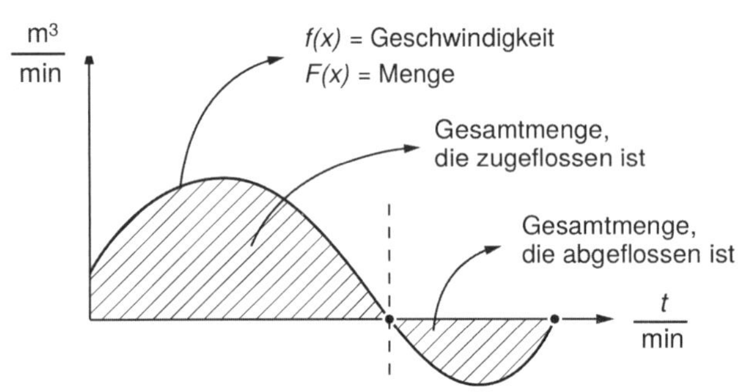

In diesem Fall beschreibt $f(x)$ die Zuflussgeschwindigkeit in m^3 pro Minute. Dann fließt das Wasser

- bis zur Nullstelle zu, da der Graph dort im Positiven liegt und
- ab der Nullstelle ab, da der Graph im Negativen liegt.

12.7 Mittelwert von Funktionen bestimmen

Häufig ist eine Funktion gegeben, die den Wasserstand angibt oder die Geschwindigkeit des Wasserzuflusses. Wenn dann zum Beispiel nach der durchschnittlichen Höhe des Wasserstandes in einem bestimmten Zeitraum gefragt ist, muss der Mittelwert bestimmt werden. Es gilt:

$$\frac{1}{b-a}\int_a^b f(x)\,\mathrm{d}x = \frac{1}{b-a}[F(x)]_a^b = \frac{1}{b-a}(F(b)-F(a))$$

Der Mittelwert gibt im Allgemeinen den Durchschnitt aller y-Werte an (achtet darauf, was die Funktion im Sachzusammenhang angibt).

Beispiele

$$\frac{1}{24-0}\int_0^{24} f(x)\,dx$$

= durchschnittliche Höhe des Wasserstandes in 24 Std.

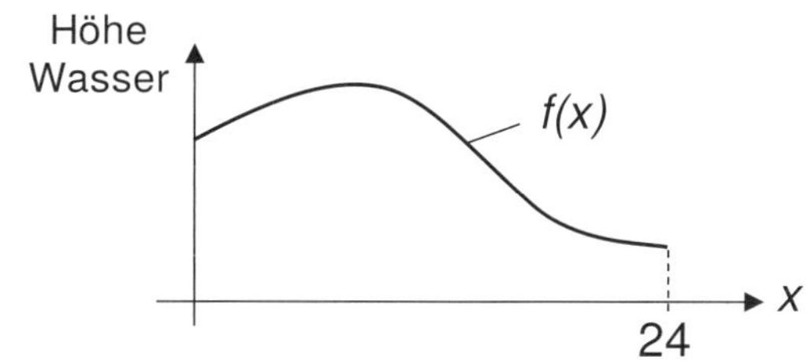

$$\frac{1}{24-0}\int_0^{24} f(x)\,dx$$

= durchschnittliche Zunahmegeschwindigkeit des Wassers in 24 Std.

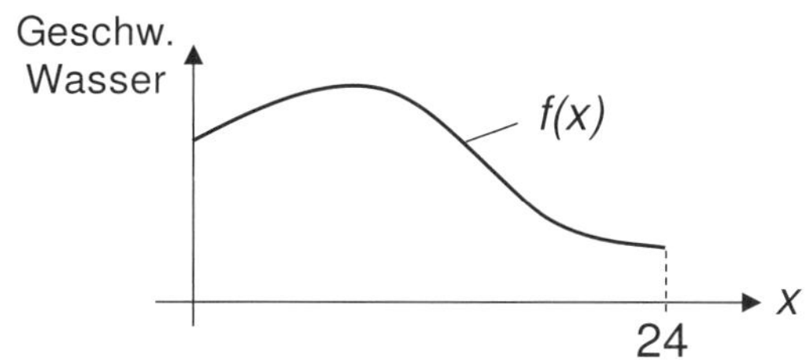

12.8 Rotationskörper

Als Rotationskörper wird in der Geometrie ein Körper bezeichnet, z.B. Kugel, Kreiskegel oder Zylinder, der durch die Rotation einer Kurve um eine Achse entsteht. Dabei müssen Kurve und Rotationsachse in derselben Ebene liegen.

Um Oberflächen und Volumen eines Rotationskörpers zu berechnen, wird nur die Funktionsvorschrift der Kurve benötigt. Hierbei wird ein Rotationskörper um die x-Achse und der y-Achse unterschieden.

Volumenformel mit Integral für Rotationskörper um die

x-Achse: $V = \pi \cdot \int_a^b (f(x))^2\,dx$ bzw. y-Achse: $V = \pi \cdot \int_{f(a)}^{f(b)} \left(f^{-1}(x)\right)^2\,dx$

Als typisches Beispiel möchten wir euch die Funktion $f(x) = \sqrt{x}$ in einem vordefinierten Intervall $x \in [0; 10]$ vorstellen. Die Graph der Funktion rotiert um die x-Achse und es entsteht ein Volumen - im Sachzusammenhang könnte es ein Sektglas darstellen.

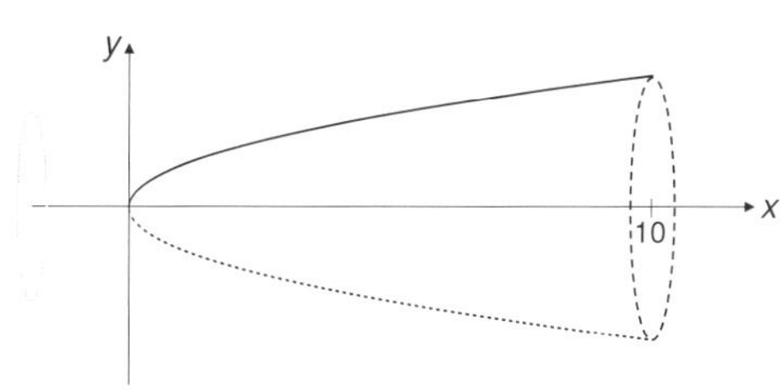

Mögliche Fragestellung: Wie groß ist das Volumen des Sektglases, wenn es voll bzw. halbvoll ist? Da eine Rotation um die x-Achse vorliegt, verwenden wir die entsprechende Formel von oben. Das volle Sektglas hat ein Volumen von

$$V_{\text{voll}} = \pi \cdot \int_0^{10} \left(\sqrt{x}\right)^2\,dx = \pi \cdot \int_0^{10} x\,dx = \pi\left[\frac{x^2}{2}\right]_0^{10} = 50\pi$$

und das halbvolle Sektglas ein Volumen von

$$V_{\text{halb}} = \pi \cdot \int_0^{5} \left(\sqrt{x}\right)^2\,dx = \pi \cdot \int_0^{5} x\,dx = \pi\left[\frac{x^2}{2}\right]_0^{5} = 12{,}5\pi.$$

12.9 Zusatz

Integralfunktion

Das Integral aus einer festen unteren Grenze a und einer variablen oberen Grenze x nennt sich Integralfunktion:

$$\int_a^x f(t)\,\mathrm{d}t = F(x) - F(a),$$

Uneigentliches Integral

Es kann vorkommen, dass eine Grenze bestimmt ist (also vorgegeben, hier a) und eine Grenze unendlich ∞ ist. Wir sprechen dann von einem uneigentlichen Integral.

$$\int_a^\infty f(x)\,\mathrm{d}x$$

Um den Flächeninhalt zu bestimmen, arbeitet man wieder mit dem Grenzwertsatz lim. Im Unendlichen konvergiert die Funktion gegen einen Wert und wir können den Flächeninhalt bestimmen.

Beispiel $\int_0^\infty e^{-x}\,\mathrm{d}x = \lim_{b\to+\infty}[-e^{-x}]_0^b = \lim_{b\to+\infty}[-e^{-b} - (-e^0)] = \lim_{b\to+\infty}[\underbrace{-e^{-b}}_{\to 0} + 1] = 1$

Wenn b eine unendlich hohe Zahl annimmt, dann strebt e^{-b} gegen Null. Haltet euch dabei immer den Graph der e-Funktion vor Augen. e hoch was positives geht gegen plus Unendlich und e hoch was negatives geht gegen Null.

Bogenlänge bei Funktionen

Die Bestimmung der Bogenlänge wird häufig bei der Bearbeitung vieler technischer (insbesondere bautechnischer) Probleme benötigt, z.B. die Berechnung der Länge eines Parabelbogens, der Kettenlinie, einer Schleife oder eines Brückenbogens. Wir betrachten den Graph der Funktion $f(x)$ im Intervall $[a, b]$.

Die Berechnung der Länge s des Kurvenbogens erfolgt mit der Formel:

$$s = \int_a^b \sqrt{1 + (f'(x))^2}\,\mathrm{d}x$$

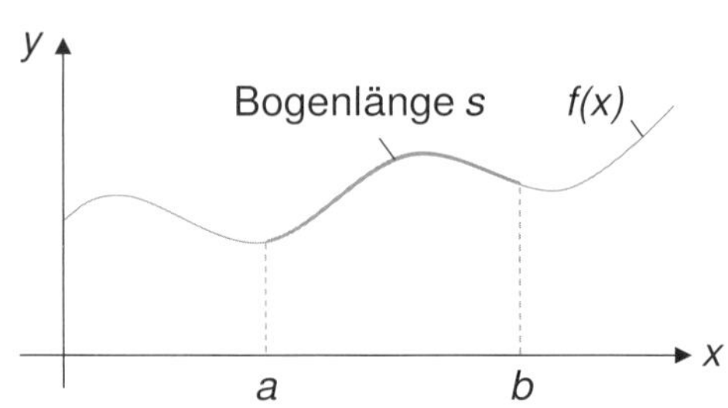

Beispiel Bestimme die Bogenlänge der Funktion $f(x) = x^2$ im Intervall $[0, 1]$.

Die Bogenlänge beträgt mit $f'(x) = 2x$:

$$s = \int_0^1 \sqrt{1 + (2x)^2}\,\mathrm{d}x = \int_0^1 \sqrt{1 + 4x^2}\,\mathrm{d}x$$

$$= \left[\frac{\ln\left(\left|\sqrt{4x^2+1} + 2x\right|\right) + 2x\sqrt{4x^2+1}}{4}\right]_0^1 \approx 1{,}48 \text{ [LE]}$$

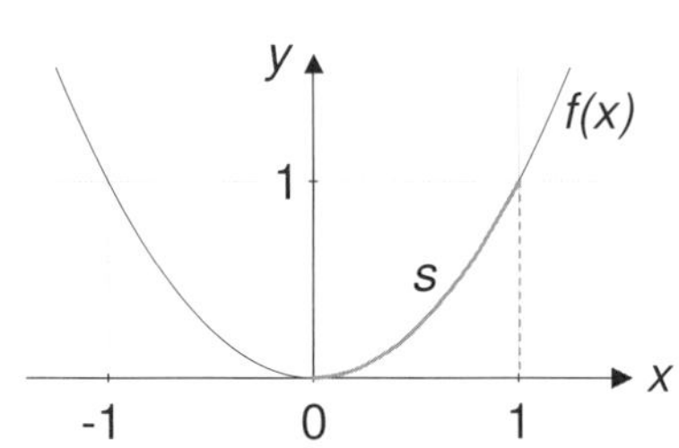

Der Bogen hat im Bereich zwischen 0 und 1 ungefähr die Länge $s = 1{,}48$ Längeneinheiten.

13 Scharfunktionen

Wenn man Berechnungen an und mit Kurvenscharen durchführen muss, dann ist das Erste, was meist gefragt wird: Was soll denn der Buchstabe da, der nicht x ist? Dieser Buchstabe heißt Parameter oder Formvariable. Und wenn wir jetzt eine Kurvendiskussion einer solchen Kurvenschar bzw. Funktionsschar durchführen, dann berechnen wir damit unendlich viele Kurvenuntersuchungen auf einmal, da wir im Nachhinein eine konkrete Zahl für unseren Parameter einsetzen können.

Was ist eine Schar?

Ist die Funktion linear, spricht man auch von einer Geradenschar. Im Allgemeinen verändern die Parameter das Aussehen und die Form der Kurve auf eine Weise, die komplizierter als eine einfache lineare Transformation ist. In der folgenden Abbildung sind für zwei Scharfunktionen verschiedene Parameter eingesetzt worden.

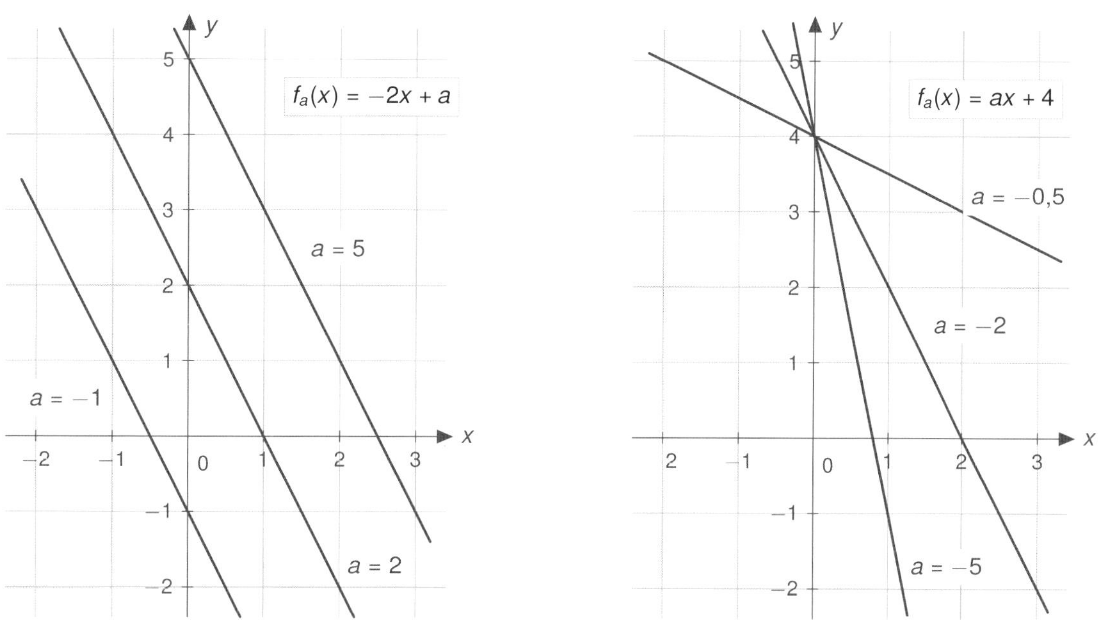

Beim Schreiben der Funktionsvorschrift wird der Parameter in den Index geschrieben, z.B.:

$$f_a(x) = ax^2 - 2ax + 4a.$$

Beachtet: Der Parameter ist zu behandeln wie eine ganz gewöhnliche Zahl!

13.1 Fallunterscheidung

Eine Schwierigkeit taucht oft bei der Berechnung von Nullstellen auf. Vor allem wenn der Scharparameter in der Lösungsmenge auftaucht. In diesem Fall kommt die *Fallunterscheidung* zum Einsatz.

Warum müssen wir verschiedene Fälle betrachten? Ihr solltet immer im Hinterkopf haben, dass der Parameter verschiedene Werte annehmen kann. Nur Zahlen größer Null? Kann der Parameter Null oder sogar kleiner Null sein? Das sollte in der Regel im Aufgabentext vorgegeben sein. Gegeben sei die Scharfunktion

$$f_a(x) = (a-1)x^3 - 4ax$$

mit dem Parameter a. Wenn

1. $a > 0$ bzw. $a \in \mathbb{R}^+$: keine Fallunterscheidung nötig
2. $a \in \mathbb{R}$ oder $a \neq 0$: Parameter a kann auch negative Werte annehmen!
   Hier ist eine Fallunterscheidung nötig.

Größtenteils läuft die Berechnung von Kurvenscharen auf genau so etwas hinaus.

Beispiel Die Scharfunktion $f_a(x) = \frac{1}{x-a}$ ist gegeben. Wenn

1. $x = a$ ist, dann wäre die Funktion nicht definiert, da dann der Nenner gleich Null ist und wir nicht durch Null teilen dürfen.
2. $x > a$ oder $x < a$ ist, ist die Funktion definiert und wir können mit ihr arbeiten.

Auch bei der Berechnung von Extremstellen ist die Fallunterscheidung wichtig.

Hier ein Beispiel bei der hinreichenden Bedingung von Extrema:

- $f''_a(...) = 20a > 0$, wenn $a > 0$ TP
- $f''_a(...) = 20a < 0$, wenn $a < 0$ HP
- $f''_a(...) = 20a = 0$, wenn $a = 0$ SP

13.2 Ableiten und Integrieren mit Parameter

Ableiten

Merke: Der Parameter wird beim Ableiten und Integrieren behandelt wie eine ganz normale Zahl!

$f_a(x)$	$f'_a(x)$
$2a$	0
a^2	0
a^2x	a^2
$(a-1)x$	$a-1$
$3a^2x^3$	$9a^2x^2$
$ax^4 - 4ax + a^3$	$4ax^3 - 4a$

$f_a(x)$	$F_a(x)$
a	ax
a^2	a^2x
a^2x	$\frac{a^2}{2}x^2$
ax^2	$\frac{a}{3}x^3$
$a^2x^4 - ax + a^3$	$\frac{a^2}{5}x^5 - \frac{a}{2}x^2 + a^3x$
$a(x^3 - a)$	$a(\frac{1}{4}x^4 - ax)$

13.3 Ortskurve

Als Ortskurve wird eine Kurve bezeichnet, auf der alle Punkte einer gegebenen Funktionsschar liegen, die eine bestimmte Eigenschaft erfüllen. In einer Kurvendiskussion werden häufig die Ortskurven von Extrempunkten oder Wendepunkten der Graphen einer Funktionenschar gesucht.

Zur Berechnung der Ortskurve werden zunächst die Koordinaten der betreffenden Punkte (z.B. aller Tiefpunkte einer Funktionenschar) in Abhängigkeit vom jeweiligen Parameter (z.B. a oder k) bestimmt. Vorgehen:

1. allgemeine Punkte $P(x|y)$ mit bestimmter Eigenschaft, z.B. Extrem- oder Wendepunkte, in Abhängigkeit vom Parameter bestimmen
2. x-Wert nach Parameter umstellen und in y-Wert einsetzen
3. y-Wert ist die Ortskurve

Ortskurve

Beispiel Gegeben sei die Funktionsschar $f_a(x) = x^2 - ax,\ a \in \mathbb{R}$.

Bestimme die Ortskurve, auf der alle Extrempunkte der Funktion liegen.

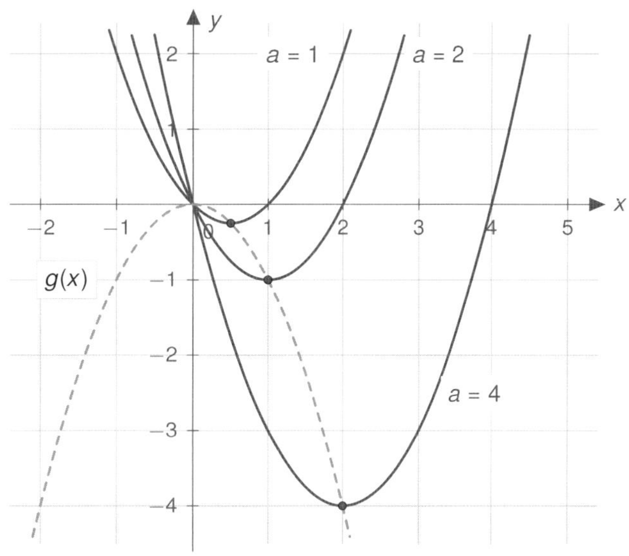

Als erstes bestimmen wir die Extrempunkte in Abhängigkeit von a:

$$f_a'(x) = 2x - a = 0 \Rightarrow x = \frac{a}{2}$$

Es handelt sich um einen Tiefpunkt, da $f_a''(x) = 2 > 0$ ist. Alle Tiefpunkte der Funktionsschar liegen bei $T(\frac{a}{2}| -\frac{a^2}{4})$. Um die Ortskurve zu erhalten, müssen wir die x-Koordinate des allgemeinen Tiefpunktes nach dem Parameter umstellen. Es folgt:

$$x = \frac{a}{2} \leftrightarrow a = 2x$$

$$T(x \mid g(x)) = T\left(\frac{a}{2} \,\middle|\, -\frac{a^2}{4}\right) = T\left(\frac{2x}{2} \,\middle|\, -\frac{(2x)^2}{4}\right) = T(x \mid \overbrace{-x^2}^{g(x)\,=})$$

Ortskurve

Damit lautet die Ortskurve $g(x) = -x^2$, die alle Tiefpunkte der Funktionenschar verbindet.

Notizen

14 Rationale Funktionen

Bei rationalen Funktionen sind häufig Bruchgleichungen zu lösen. Gemeint sind Gleichungen der Form

$$f(x) = \frac{ax^2 + bx + c}{dx + e} = \frac{\text{Zähler}(x)}{\text{Nenner}(x)}.$$

Grundlagen

Es handelt sich also um Brüche (Quotienten) von zwei ganzrationalen Funktionen (Polynomen). Hierbei sollte zunächst immer die Definitionsbereich D bestimmt werden, da nicht durch Null geteilt werden darf. Wenn nichts anderes vorgegeben ist, können wir zunächst alle reellen Zahlen $\mathbb{R}$ einsetzen.

14.1 Untersuchung rationaler Funktionen

Die Untersuchung von gebrochenrationalen Funktionen erfolgt im Prinzip wie bei den ganzrationalen Funktionen. Doch haben gebrochenrationale Funktionen häufig Definitionslücken, an denen ihr Graph oft eine senkrechte Asymptote besitzt.

Grundlagen

- Die Untersuchung der Nullstellen des Nenners von $f(x)$ liefert den maximalen Definitionsbereich.
- An den Definitionslücken liegt dann ein **Pol** vor, wenn die Nullstelle des Nenners keine Nullstelle des Zählers ist. Der Graph hat an den Polen **senkrechte Asymptoten**. Eine Asymptote ist eine Funktion, die sich einer anderen Funktion im Unendlichen annähert. In anderen Worten: Bei Asymptoten handelt es sich um sogenannte Definitionslücken, da wir, egal welcher Wert in die Funktion eingesetzt wird, den entsprechenden Wert der Asymptote nicht herausbekommen werden.
- Man untersucht die Funktionswerte $f(x)$ in der Umgebung eines Pols x_0, um zu erkennen, ob $f(x) \to +\infty$ oder $f(x) \to -\infty$ für $x \to x_0$ gilt. Dabei muss man sich dem Pol von rechts und links annähern.

Definitionslücke

Das Verhalten für $x \to \pm\infty$ wird durch den Grad m des Polynoms im Zähler (also auf dem Bruch) und den Grad n des Polynoms im Nenner (also unter dem Bruch) bestimmt.

Grenzverhalten

Es gilt :

- Ist $m < n$, so strebt $f(x) \to 0$ und die x-Achse ist die **waagerechte Asymptote** des Graphen K.
- Ist $m = n$, so strebt $f(x) \to c$, wobei c der Quotient der Koeffizienten der höchsten Potenzen von x im Zähler und Nenner ist. Die Gerade mit der Gleichung $y = c$ ist die **waagerechte Asymptote** von K. Da es sich um eine waagerechte Asymptote handeln soll, heißt das, dass die Asymptote bzw. die gesuchte Gerade einen waagerechten Verlauf haben soll, das heißt parallel zur x-Achse verlaufen muss, um als eine waagerechte Asymptote aufgefasst zu werden.
- Ist $m = n + 1$, so hat K eine **schiefe Asymptote**, deren Gleichung durch Polynomdivision ermittelt wird.
- Ist $m > n + 1$, so hat K eine **Näherungskurve vom Grad m-n**, deren Gleichung durch Polynomdivision ermittelt wird.

14.2 Tipps zum Umgang mit rationalen Funktionen

Beim Verlauf gebrochenrationaler Funktionen gibt es viel mehr Variationen als bei ganzrationalen Funktionen. Auch euer Taschenrechner hilft hier nur dann weiter, wenn man bereits etwas über den Verlauf ahnt.

- Ist der Grad des Polynoms im Zähler größer als der Grad des Polynoms im Nenner, so wird der Funktionsterm $f(x)$ durch Polynomdivision umgeformt. Am umgeformten Funktionsterm erkennt man unmittelbar eine Gleichung der schiefen Asymptote oder des Graphen einer ganzrationalen Näherungsfunktion.
- Wir sollten uns überlegen, ob sich für $x \to \pm\infty$ ein Graph an eine Asymptote oder Näherungskurve von oben oder von unten annähert.
- Das Ableiten von $f(x)$ ist nach der Polynomdivision meist einfacher.
- Bei $f(x) = \frac{ax+b}{cx+d}$ sind praktisch immer die Asymptoten parallel zu den Koordinatenachsen.
- Der Graph K von f ist
  - **achsensymmetrisch** zur Geraden mit der Gleichung $x = c$,
    wenn gilt $f(c + x) = f(c - x)$.
  - **punktsymmetrisch** zum Punkt $Z(c|d)$,
    wenn gilt $\frac{1}{2}(f(c + x) + f(c - x)) = d$.

15 Trigonometrische Funktionen

Sinusfunktion

Wichtige Eigenschaften der Sinusfunktion $f(x) = \sin(x)$:

- periodische Funktion mit Periode 2π, d.h. dass der Graph der Sinusfunktion sich nach jeder Periode wiederholt
- Definitionsbereich $D = \mathbb{R}$
- $W = [-1,1]$
- schneidet die y-Achse bei $(0|0)$
- punktsymmetrisch zum Ursprung

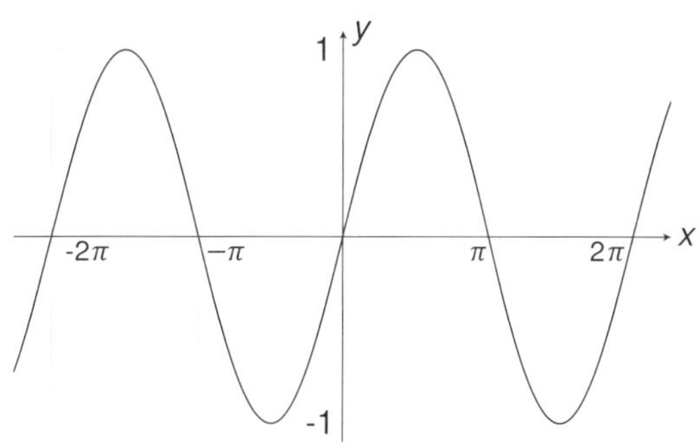

Die allgemeine Sinusfunktion lautet: $f(x) = a \cdot \sin(bx + c) + d$

Grundlagen sin und cos

Cosinusfunktion

Wichtige Eigenschaften der Cosinusfunktion $f(x) = \cos(x)$:

- periodische Funktion mit Periode 2π, d.h. dass der Graph der Cosinusfunktion sich nach jeder Periode wiederholt
- Definitionsbereich $D = \mathbb{R}$
- $W = [-1,1]$
- schneidet die y-Achse bei $(0|1)$
- achsensymmetrisch zur y-Achse

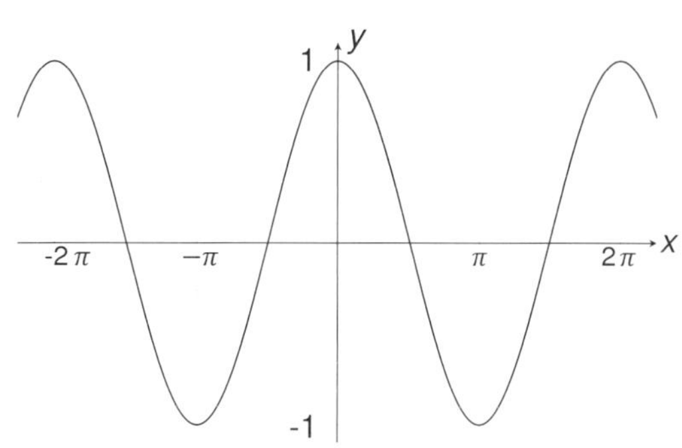

Die allgemeine Cosinusfunktion lautet: $f(x) = a \cdot \cos(bx + c) + d$

Tangensfunktion

Wichtige Eigenschaften der Tangensfunktion $f(x) = \tan(x)$:

- wiederholt sich in regelmäßigen Abständen, deswegen nennt man die Tangensfunktion auch periodisch
- nicht definiert bei $\{\pm\frac{\pi}{2}, \pm\frac{3\pi}{2}, \pm\frac{5\pi}{2} \dots\}$
- $W = \mathbb{R}$
- punktsymmetrisch zum Ursprung (0|0)

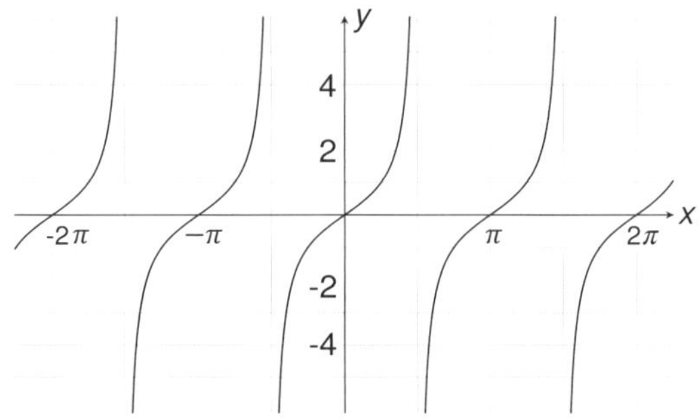

Ableiten von sin, cos und tan

Beispiele

sin, cos im Bruch ableiten

Hier eine Übersicht über die Ableitungen der Sinus- und Cosinusfunktion:

$$
\begin{aligned}
f(x) &= \sin(x) & \Rightarrow \quad f'(x) &= \cos(x)\\
f(x) &= \cos(x) & \Rightarrow \quad f'(x) &= -\sin(x)\\
f(x) &= -\sin(x) & \Rightarrow \quad f'(x) &= -\cos(x)\\
f(x) &= -\cos(x) & \Rightarrow \quad f'(x) &= \sin(x)
\end{aligned}
$$

Die Ableitung des Tangens ist ein wenig schwieriger:

$$f(x) = \tan(x) = \quad \Rightarrow \quad f'(x) = \frac{1}{\cos^2(x)} = 1 + \tan^2(x)$$

Der Tangens kann auch mit der Quotientenregel abgeleitet werden, wenn man weiß, dass der Tangens mit Sinus und Cosinus zu

$$f(x) = \tan(x) = \frac{\sin(x)}{\cos(x)}$$

umgeschrieben werden kann. Dann folgt für die Ableitung

$$f'(x) = \frac{\cos^2(x) + \sin^2(x)}{\cos^2(x)} = \frac{1}{\cos^2(x)}$$

mit $\cos^2(x) + \sin^2(x) = 1$.

16 Specials

Geraden in besonderer Lage

Parallelen zur y-Achse

Achtung: Diese Geraden sind keine lineare Funktionen, da einem x-Wert mehrere y-Werte zugeordnet sind!

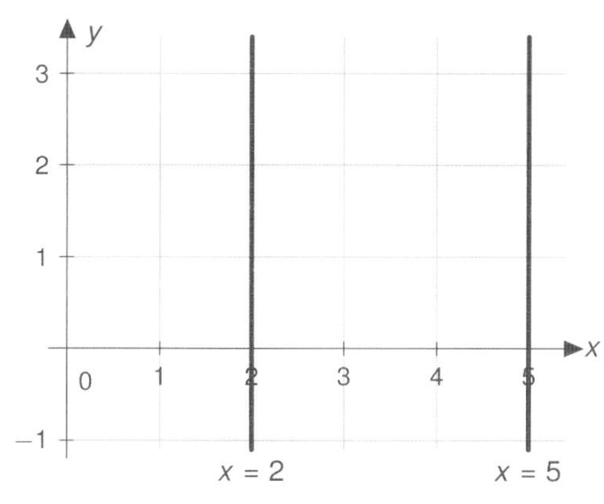

Parallelen zur x-Achse

Ist die Steigung einer linearen Funktion gleich 0, so ist die Gerade parallel zur x-Achse: $y = 0 \cdot x + b = b$.

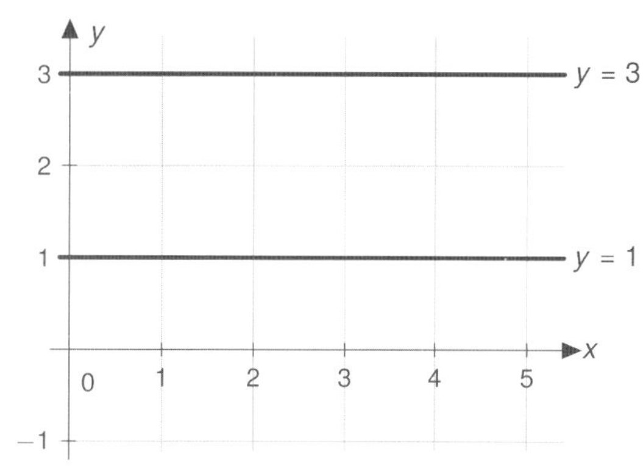

Mehrfache Nullstellen

Doppelte Nullstelle

$$0 = \frac{1}{2}x^4 - \frac{3}{2}x^2$$

$$0 = \frac{1}{2}x^2 \cdot (x^2 - 3)$$

$$x^2 = 0 \vee x^2 - 3 = 0$$

Bei $x_{1,2} = 0$ ist eine doppelte Nullstelle, bei $x_{3,4} = \pm\sqrt{3}$ liegen einfache Nullstellen vor.

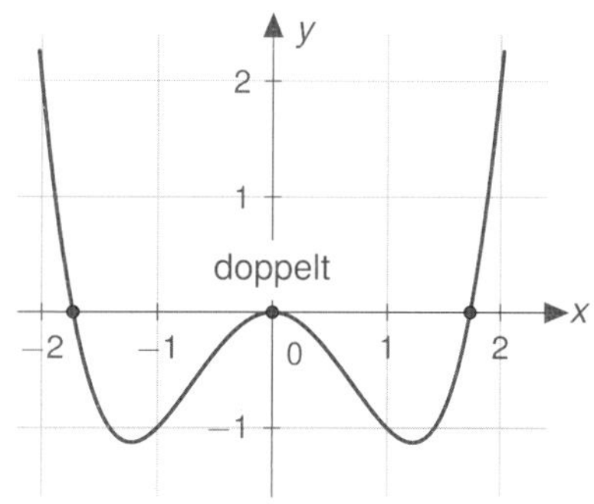

Dreifache Nullstelle (selten bis nie)

$$f(x) = (x+1)^3(x-1)$$
$$0 = (x+1)^3(x-1)$$
$$(x+1)^3 = 0 \vee x-1 = 0$$

Bei -1 liegt eine dreifache Nullstelle vor.

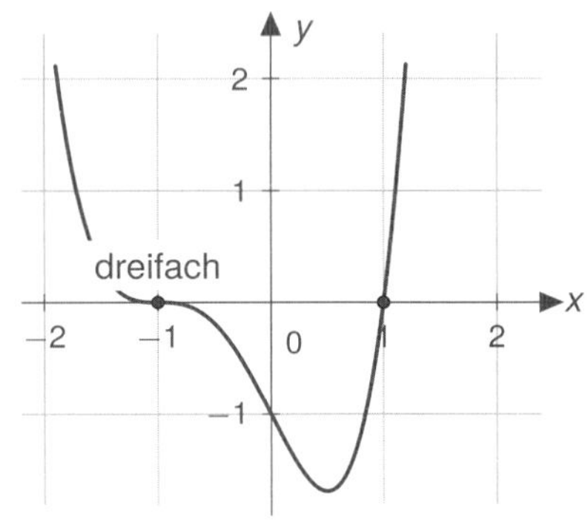

Stückweise definierte Funktion

In der Mathematik ist eine abschnittsweise definierte Funktion eine Funktion, die mehrere Unter-Funktionen hat, und jede ist gültig für bestimmte Werte für x! Wir betrachten die Funktion

$$g(x) = \begin{cases} f(x) & \text{für } 0 \leq x \leq 2 \\ h(x) & \text{für } x > 2 \end{cases}$$

Das bedeutet, dass für x-Werte zwischen 0 und 2 die Funktion $f(x)$ den Verlauf von $g(x)$ beschreibt. Für x-Werte größer 2 wird die Funktion $g(x)$ durch $h(x)$ beschrieben.

Abstand von zwei Punkten

Eine allgemeine Formel, die den Abstand von zwei Punkten berechnet, lautet:

$$d = \sqrt{(x_1 - x_2)^2 + (y_1 - y_2)^2}$$

Beispiel Berechne den Abstand der Punkte $P_1(1|2)$ und $Q(3|10)$:

$$d = \sqrt{(1-3)^2 + (2-10)^2} = 8{,}25 \text{ [LE]}$$

Senkrechter Abstand

Für den senkrechten Abstand zweier Funktionen bildet man die Differenzenfunktion

$$d(x) = g(x) - f(x),$$

wobei $g(x) > f(x)$ gilt. Der minimale/maximale Abstand beider Funktionen kann dann über die Berechnung der Extrema der Differenzenfunktion $d(x)$ berechnet werden.

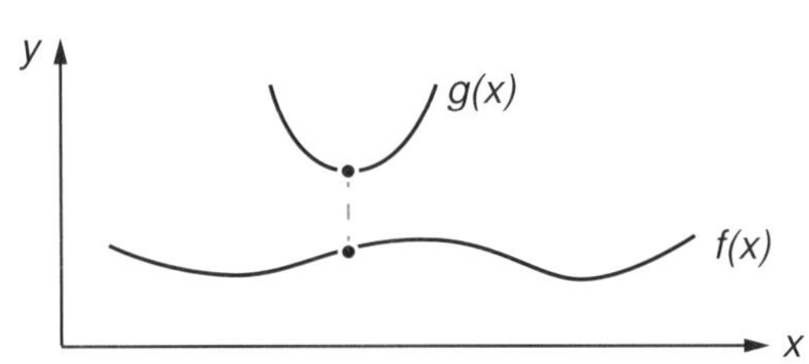

Interpretation:

- ein Hochpunkt bedeutet ein maximaler senkrechter Abstand
- ein Tiefpunkt bedeutet ein minimaler senkrechter Abstand

Schnittwinkel zwischen einer Geraden und der x-Achse

Der Schnittwinkel α (im mathematisch positiven Sinn - also gegen den Uhrzeigersinn) zwischen einer Geraden und der x-Achse ist der Steigungswinkel der Geraden.
Der Tangens des Steigungswinkels einer Geraden ist für $\alpha \neq 90°$ gleich ihrer Steigung m:

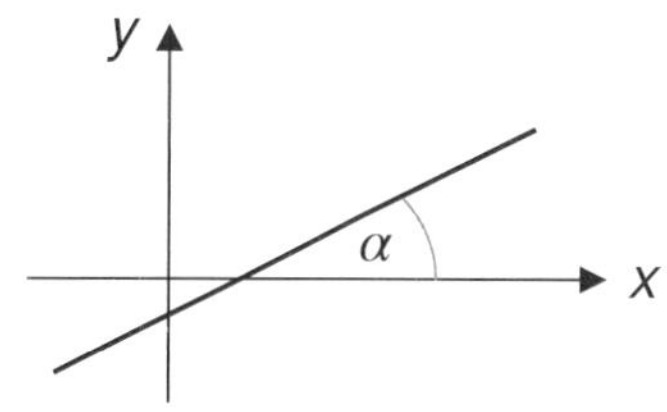

$$\tan(\alpha) = m$$

Winkel zwischen 2 Geraden

Der Winkel zwischen zwei Graphen linearer Funktionen (Schnittwinkel α) kann mittels ihrer Steigungen (m_1 bzw. m_2) berechnet werden, wenn sie nicht senkrecht zueinander stehen:

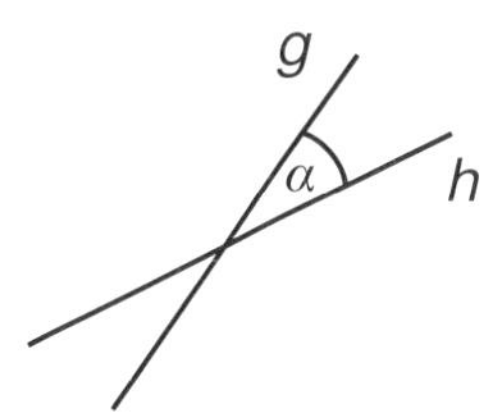

$$\tan(\alpha) = \left|\frac{m_1 - m_2}{1 + m_1 m_2}\right|$$

Stehen die Geraden senkrecht zueinander, gilt: $m_1 \cdot m_2 = -1$.

Hinweis: Bei kurvigem Verlauf zweier Funktionen nehmen wir im Schnittpunkt den Winkel zwischen ihren Tangenten. Wir müssen also erst deren Steigung an der Stelle des Schnittpunktes bestimmen.

Quadranten

Dadurch, dass die beiden Koordinatenachsen sich schneiden, entstehen vier voneinander getrennte Abschnitte in der Ebene. Sie werden als Quadranten bezeichnet.

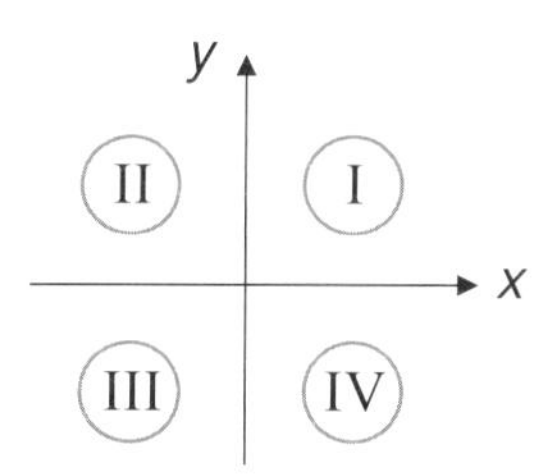

Der 1. Quadrant liegt oben rechts. Die anderen Quadranten werden gegen den Uhrzeigersinn durchnummeriert.

Notizen

Notizen

Notizen